マクロビオティックのお買いもの

奥津典子

in ORGANIC BASE kitchen

「マクロビオティックを始めたばかりの皆さんへ」

prologue

ごあいさつ

皆さんはどういうきっかけでマクロビオティックを始めようと思われたのでしょうか？　健康のため、肌をきれいにしたくて、食べてみた料理がおいしかったから……。きっかけはなんであれ、マクロビオティックを共有できる人たちが増えていることをとてもうれしく思います。

私がマクロビオティックを知ったのは1996年。それから亀のようにできることから少しずつ「マシ」を積み重ね、気が付くと「ほぼ100％マクロビオティックな人」に。そして、とうとう2003年に夫とマクロビオティックの料理教室を始めました。自分が講師になるなんて想像もしていなかったし、夫は最初「マクロビオティックなんか大嫌い」だったのに。夫も私もチョコレートや鶏のからあげ、ピザやヨーグルトが大好きだったのに、今では全く欲しくありません。そうなるにはずいぶん時間がかかりましたけど。そんな私たちですが、今でも「こんなことまで食べ物と関係があったの～」という驚きを毎日体感しています。子どもの寝相やお寝しょ、夢や手相、まつげの生え方、ほくろや肌質……、こんなことも食べ物で変わるんです。信じられないかもしれませんが。それに教室の生徒さんたち、カンペキではなくてもそれぞれのペースで続けていくうちに、どんどんキレイになっていくんです。顔色がよくなって肌がすべすべ、すっきり柔らかい印象、男性はシャープな印象に。食べ物で毎日が楽しくなる心地よさを、多くの人に知っていただきたいなぁと思います。

実践していくには、ちょっとタイヘンなこともあります。うちのスタンダードコースでは1回目に、マクロビオティックをやっていく上での不安材料を生徒さんに挙げてもらいます。年齢層は10〜50代。住まいは北海道から九州まで全国各地。仕事も主婦やフリーター、オーケストラの楽団員、新聞記者、花屋、秘書など実にさまざま。けれど、皆さんが挙げるのは大体同じ内容なんです。友達との付き合いや家族の理解、何を作っていいか分からない、など。そこで本書では、よく挙げられる不安の一つ「どこで食材を買えばいいの？」についてお役に立てれば、また選ぶ基準を知って、それを基に食材を探せればいいなと思います。「へぇ、こういうのがあるんだ」「まずはこれから買ってみたらいいのかな」などと気軽な一歩を踏み出すきっかけになれば幸いです。おいしくって気持ちいいマクロビオティック。もっと多くの人に親しまれますように……。

奥津典子

contents
目次

「オーガニック食材を買うメリット十陰陽について」

note

注意書き

オーガニック食材を買うメリット

マクロビオティックを楽しく続ける上で、食材や道具選びって重要。それによって味や手間のかかり方が決まることもあるからです。食材を選ぶときの基本はまず、できるだけオーガニック、有機栽培のもの。あるいはそれに近い特別栽培（減農薬、減肥料）のもの。土地が狭い日本では、生産者が農薬を使わなくても地域で航空散布することなどもありますし、オーガニックだけどその表示申請にお金がかかるので表示をしていないものもあります。ですから、一概に「無農薬」でないからダメ、というふうに選びたくはない。できるだけ、尊敬・信頼できる生産者さんの、そして「おいしい」と感じるものを買いたいと思っています（注：便宜上、ここではそれらをひっくるめて、「オーガニック食材、オーガニック栽培」と表現することにします）。しかし、「オーガニック食材」と聞くと「体にいいけど高いんでしょ。うちはそんなもの買えないわ」いう人がいると思います。でもオーガニック食材を買うほうが「得」かもしれないんです。そのメリット、具体的にいくつか挙げてみます。

1）オーガニック食材は日持ちがいいから　得。

野菜や果物をはじめとして、農薬を使っていないから早く腐ると思われることもありますが、実は逆。例えば農薬が必要ないということは、虫が寄り付かず強いということ（腐りやすいものほど虫が寄ってきます）。栄養たっぷりの土に根を張り、太陽の力を浴びて育ったオーガニック野菜や米たちは生命力に溢れてイキイキしています。そう簡単には傷まないし腐らない。豆腐、味噌なども傷みにくいです。一方、化学肥料などで育てられたものは急速に膨れます。でも、膨れているだけで実が詰まっておらず水気が多い。果物なんて特にぶよぶよしていて腐りやすいんです。

2）オーガニック食材は密度が高く味が濃いから　得。

分かりやすいのは野菜類。オーガニック食材とそうではないものとを加熱して質量や重さ、密度の比較をしてみると……。化学肥料などで育った野菜は、見た目は大きいかもしれませんが、中身のほとんどは水分でぶよぶよ。傷みやすく、加熱するとうんと「カサ」が減るのでいくら食べても満足感がありません。味もすかすかで薄いので、肉や魚と一緒に料理しないと物足りない。調味料たっぷりで味付けしないとおいしくない。一方、小ぶりでも土の力で育ったオーガニック食材は、実が詰まっていてきめが細かく水分も少ない。加熱してもそんなにカサは減りません。歯応えもしっかりだから、少量で満腹感があります。味も濃く甘みがあり、それだけで主役にな

≫

れるおいしさ。余計な味付けはしたくないくらい。だから調味料も最低限で平気。きめ細やかで引き締まったオーガニック食材を食べていくと、たるんでいた肌が引き締まってハリと艶が出てくるんです。

3）オーガニック食材は栄養がいっぱいだから　得。

栄養成分表というのがありますよね。米にはビタミンB1がいくら含まれているとか、いろいろな栄養成分の含有量が書いてありますが、おそらく、オーガニック栽培のものではないと思います。私の知人は、国立大学農学部の博士課程を修了し、自分でも有機栽培を始めました。そして、その栄養成分を比較してみたところ、あるものは例えば、鉄分は3倍、ビタミンBが4倍、カルシウムが3倍などの数値が出たそうです。オーガニック栽培の栄養成分表もいずれ世に出るといいのに、と思います。

4）オーガニック食材は元気でキレイになれるから　得。

栄養に優れ、着色料など添加物や保存料、残留農薬が少なく、生命力に溢れた食材を食べているうちにどんどん健康になっていきます。オーガニックの野菜や穀物たちはきめ細かいように、私たちの肌もきめ細やかに。だから基礎化粧品の量が減る、医療費も減る。また、ぶよぶよしていないオーガニック食材は腐り方も違います。生ゴミが臭くない、排水溝もどろどろしない。私たちから排出されるもの（排便や汗など）も臭くないし、掃除・洗濯の洗剤もうんと減る。家計にも地球にもやさしいんです。

いかがでしょう。意外に「得」ではないでしょうか？　もちろんいきなり全部買い換える必要ないと思います。まずは調味料から、私は野菜からにしてみよう、お米だけでも変えてみよう、などと一番魅力を感じるものから始めてみてください。少しずつ変えていくうちに、シンプルで力強いおいしさと、ラクチンな生活が手放せなくなると思います。

増えてほしい素敵な自然食品店

私の料理教室は東京の吉祥寺というところにありますが、偶然にも近所にすごくいい自然食品店があります。「ぐるっぺ」さん。以前宅配を利用していましたが、自分で買いものに行くようになってからどんどんマクロビオティックが楽しくなっていきました。皆さんの近所にいいお店があればどんなにラクで楽しく、安心してマクロビオティックを実践できるだろうと思います。私が思う「いい自然食品店」の条件をぐるっぺさんはほぼ満たしています。まず品ぞろえ。あらゆる自然食品が手に入ります。中でも野菜などの生鮮食品は圧巻。モノのいいこと、豊富で安いこと！　時にオーガニックではない野菜と変わらない値段なんです。しっかりとした流通体制

≫

≫

と生産者さんとの信頼関係、そして回転率のよさなどの経営努力がこれを実現させているのだと思います。そして、実にお店が清潔。社長さんの方針は「一に掃除二に掃除、三四がなくて五に掃除」「とにかく現場。現場との対話」だそうです。お店はいつも掃除が行き届いており、店員さんたちも気さくで親切。きびきびしています。行くだけで気持ちよくなれる店。イキイキした野菜たちの姿にこちらがしゃきっとします。そんなお店が全国にどんどん増えるよう願っています。それには私たち消費者が、こういうモノを置いてほしいと需要を伝えてみることも必要かなと思います。

陰と陽について〜本書を理解しやすくするために

マクロビオティックには、「陰陽」という一見難しい考え方が出てきます（慣れると逆に便利）。ここでは、ほんの一例を説明してみます。

「陰」とは、地球から放射される力、外に外に向かう力。「陽」とは、太陽や他の星から放射される力、地球に下りてくる力です。当然、地球には内に内に向かう力として働きます。例えば陰の力は、外に外に向かうので、地球上では上昇するとか、膨張する、拡散する、押し上げられて軽い、緩む、空洞化する、などと働きかけます。長い、柔らかい、水分が多い、ゆっくり、暑い気候で生育した、なども陰を示します。陽の力は内に内に向かうので、地球上では下降するとか、収縮する、集合する、押し下げられて重い、締まる、密になる、というふうに働きます。短い、硬い、水分が少ない、速い、寒い季節で生育した、なども陽です。万物は陰陽で成り立っていて、それぞれにちょうどいい陰陽のバランス状態があります。人間も人それぞれに陰陽のバランスが取れているとき健康でいられます。陰と陽はどちらも必要で、どちらかに極端に偏ったり強すぎると、心身はそれを排出しようとして、好ましくない症状が起こります。

心臓も締まりっぱなし、緩みっぱなしでは困りますよね。肺や血管、胃や腸だってそう。開いたり閉じたり活動しています。心、気持ちも同じこと。誰もが知らないうちに陰陽のバランスを取ろうとしているんです。マクロビオティックは、これらに影響力を持つ食べ物について意識することを考えているのです。

まず、食べ物の基準は玄米とし、玄米より陰性か陽性かを考えます。白米やうどんなどの精白穀物は玄米より陰性。食事の軸になる穀物が陰性すぎると、強い陽性〈極陽〉のおかずが欲しくなります。極陽のものとは、ぎゅ〜っと濃密な感じのもの、肉類や卵／魚卵／えび／かに／赤みの魚／青魚／ハードチーズ／食塩／ふかひれ／

≫

≫

しょっぱすぎるもの／オーブン焼きしたもの／グリル焼きしたもの／ローストしたもの／スモークしたものなど(これらの調理法は、マクロビオティックでも用います)。それらを食べると、今度は強い陰性のものを求めます。強い陰性〈極陰〉とは、砂糖や蜂蜜／人工甘味料／チョコレート／アイスクリーム／生クリーム／バター／ソフトチーズ／ヨーグルト／牛乳／ケチャップ／マヨネーズ／ココア／コーヒー／紅茶／炭酸飲料／熱帯産の野菜・果物・スパイス・ナッツなど。でもザンネンながら、極陽と極陰を食べたからといっても、陰陽のバランスが取れている、ということにはなりません。

極陽になると、例えば心臓や血管が収縮しすぎて循環が悪くなったり、精神的にも緊張状態が続くことがあります。またその余剰物は、陽性が集まりやすい、例えば前立腺や直腸、子宮、肝臓、骨などにたまりやすく、そのトラブルを招くこともあります。無月経や生理痛、更年期障害、月経前のストレスなども陽性すぎて起こりやすい現象です。極陰の影響は、血圧が低い、肌色が赤らむ、腸が緩んで便秘になる、毛穴が開く、朝起きるのが苦手、近眼などの原因となったり、熱を逃がすほうに働くので体が冷えたりします。精神的には締まりがなくルーズに。またその余剰物は、胃や肺、乳房、耳、喉、腎臓、胆嚢などにたまりやすく、ガンやトラブルを生むこともあります。高所恐怖症や異常な汗かき、おならや失禁が多いなども陰性過多です。

適度な陰陽の食物がマクロビオティックの食材たちです。素材の面で言うと、全粒穀物を基準として、豆は次に陰性。もっと陰性なのが野菜、さらに陰性なのが果物です。海藻はやや陽性。調味料では塩が陽性（なんでも引き締めますよね）で、塩分を含むしょうゆや味噌もたいてい陽性です。油は生では陰性が強いものです。料理では、蒸したりさっと茹でるなど加熱時間が短く軽い料理が陰性。加熱時間が長いものほど陽性に。また、干すなども引き締めるので陽性化させ、例えば、生のぶどうよりドライレーズンのほうがより陽性です。

なんだか難しいですか？　そうですよね。頭だけで判断できないものです。でも難しい知識は必要ありません。よ～く目を凝らしてものを見たり、においをかいで観察したり、体の変化をちゃんと感じていけばいいんです。例えば、極陰のものを摂ったら鼻腔が緩んでいびきをかくとか、極陽を摂りすぎたら歯ぎしりしちゃうとか、どんどん面白い現実に気付きますよ。「陰陽のバランスを取らなきゃ」と頭で考える前に、まず体感してみてください。そうしたら、バランスは自然に取れるようになります。

食材を選んだ基準 ―本書内のマークについて―

食材の種類って無数にあるんですが、
今回は二つの基準で絞ることにしました。

マーク

マクロビオティックの基本になる食材たちです。体調・個人差はありますが、ほとんどが常食向きのものです。ただし今回は、毎日食べてよい日常食に含まれるけれど、最初の頃は扱いが難しく、なくてもいいと思うものは省きました。また道具は、マクロビオティックで毎日のように登場すると思われるものたち、としました。

マーク

理論上は必ずしも必要ないけれど、マクロビオティックへの移行期に、また時々の楽しみにあると便利なものたちです。主として嗜好品なので、毎日たくさん食べるものではありません。厳しくマクロビオティックに取り組みたい人からは「こんなもの入れちゃって！」とお叱りを受けるかも。でも、私自身が一歩進んで二歩下がる、というような歩みで少しずつマクロビオティックに切り替えていったので入れてみました。道具に関しては、なくてもいいけれどあると助かるもの、です。

※本書で紹介した商品の取扱先はP.214～のショップリストに掲載しています。
※本書に掲載されている商品写真は、2005年4月末時点のものです。商品の価格及びパッケージは変更されることがあります。

穀もつもの

Grain

まず、主食である穀物を全粒に変えましょう。栄養豊富で満腹感たっぷり、体の掃除効果も高い。いいこと尽くしの穀物とその加工品たちです。

玄米

一番おいしい、一番大切な「ごはん」

おいしい玄米ごはんを食べたことがありますか?「玄米ってぼそぼそしてるやつでしょ」「臭いんだよね」、そう思っておられる人、いらっしゃるかもしれません。私は、玄米を体にいいから食べているだけではないんです。ただ純粋に「おいしい」からです。それで体も心も元気になれるなら、最高。もはや白米には戻れません。おまけに、玄米って白米と違って何回も研がなくていいからラクだし排水も汚れない。その上、食物繊維やビタミンBやK、マグネシウム・亜鉛をはじめミネラル類、たんぱく質……、栄養もたっぷり。玄米を食べていると貧血になるとか、虫歯になるという説がありますが、それは炊き方のせいです。まず、洗って数時間水に浸すと「発芽玄米」になります。その上で適切な塩分と火力で炊けば大丈夫。発芽させると、栄養成分が増加したり、消化吸収されやすくなります。簡単なのは圧力鍋で炊くこと。かまどで炊くのと同じ原理で、数十分でふっくら仕上がります。また、玄米は残ってからも楽しみ。リゾットやチャーハン、おじや、のり巻きにしてもいいし、プティングやパンケーキにも。せいろで野菜と一緒に蒸しなおせば簡単で便利です。

写真は農薬・化学肥料不使用の美味しいお米。また、農薬不使用への移行期でも、広く植えて日照良く育てられていたり、天日干しのお米もお薦めします。また、コシヒカリはもちもちして甘みが強い、温まる美味しさですが、それが、もたれやすくほてる、痒い、と言う人は、ササニシキなどアミロペクチンの少ない品種を。あきたこまちは中間位です。

「特別栽培米　こしひかり玄米」株式会社かも有機米

もち玄米

おこわやおもち作りに。食べやすいからそのまま炊いても

いわゆる、もち米の玄米バージョンです。玄米に1、2割混ぜて炊いたり、小豆や栗と一緒に炊いておこわにすると、ツヤツヤもちもち、子ども達が喜ぶ甘いご飯に仕上がります。すりこぎで丁寧について、おはぎもいかがですか？餡は、かぼちゃを蒸し煮してつぶしたり、ごまとアプリコット、クルミ味噌や枝豆餡、小豆餡、と身近なもので色々と楽しめます。

ただ、「もち米」は毎日の主食用ではありません。お米の主成分である炭水化物には、アミロペクチンとアミロースの二種類があり、もち玄米はアミロペクチンがそのうちの100%。一方、普段の主食になるのは、アミロースが多い「うるち米」種だからです。

アミロペクチンの多い種類や、もち米には熱やエネルギーを身体にキープさせる力が強く、名のごとく「力もち」にしてくれます。もちろん蒸してつくと「お餅」になります。寒い季節や寒い地域にはよりもち米は必要です。普段のお米「うるち米」より柔らかくコクがある風味に仕上がります。昔は色々なお祭りなどのときに、もち米を使ったおこわやおはぎ、お餅などが出されたものですが、「力をつける」意味もあったのですね。

もち玄米は、授乳中の女性で体力が落ちているときに母乳の出を助ける効果があります。育ち盛りの子どもや中高生、運動量が多い人や、身体が冷えてしまう人にも定期的におすすめです。ただしそんなときでも、もち玄米が美味しく感じないときは、無理に食べないでください。昔と違って脂肪やたんぱく質が過剰になりやすい現代は、消化機能や肝機能がオーバーワーク気味なことも多く、そんなときには負担になることがあります。美味しいんだけれど、少しもたれるな、という人は、圧力などを少なく、炊き時間も短くして梅干と一緒に。良く噛むことも大切です。

「特別栽培米　こがねもち玄米」株式会社かも有機米

小麦粒・胚芽押し麦

肉・魚が大好きだった人に食べてほしい穀物

この小麦粒は、日本ではとても珍しい国産の全粒小麦です。しかも農薬、化学肥料不使用。立派な茶色い表皮は、とても硬いので数時間水に浸けてから調理するか圧力鍋を使います。まず、玄米に1割くらい混ぜて炊いてみてください。ぷちぷちっとした独特の歯応えがやみつきになります。残りごはんをリゾットにしたり、炒めたりしても食感がアクセントになり、噛み続けたくなる食感。一方、押し麦はたいがい大麦からできていて、文字通り押し潰しているのですが、その過程でやや精白してあります。お米でいう「分付き」でしょうか。完全精白でもなく全粒との中間くらいで、早く火が通るし、小麦粒より柔らかい。どちらもごはんに混ぜるのに慣れたら、野菜と一緒に煮てシチューにしてみるとか、豆と炊いたりサラダ風にしたりと楽しんでください。

麦は種類が他にもたくさんあります。オーツ麦やライ麦、カラス麦など。それぞれに味や栄養の違いはあるのですが、どれも全般に、肝臓（動物性や油っこいもので傷みやすい）や胆嚢（油・脂肪で膨れやすい）を強化してくれますし、繊維も豊富で便通もよくなります。マクロビオティックでは、まず全粒小麦か押し麦があればいいでしょう。メインは玄米ですが、毎日食べても問題はありません。バリエーションがあると、見た目や食感も刺激されるだけでなく、体にも刺激になります。麦アレルギーの人は、マクロビオティックの食事をまず麦抜きでしばらく続けると、そのうち麦も食べられるようになります。ただし、麦の粉ではなく麦の粒で試してください。

左：「胚芽押麦」ムソー株式会社　右：「小麦粒」株式会社わらべ村

もちきび・もちあわ

料理のとろみ付け、おやつにもなる雑穀の代表格

色鮮やかな黄色いぷちぷちの粒の、小さな雑穀たちです。より粒が大きくて柔らかいのがもちきび、より小さくて締まっているのがもちあわです。本当は未精白がいいのですが、未精白の雑穀は市場にほとんど出回っていません。使うときのポイントは、粒がとても小さいので目の細かいザルを使って洗うことと、精白によってお米でいう「ぬか」のようなものが出るので、何度か水を替えて洗うことです。また、少々苦味があるのですが、よく洗うとやわらぎます。それでも気になるようだったら軽く炒ってから使うとなくなります。多めの水で炊くと、とろっとクリームみたい。これは夫の好物で、輪切りにして塩蒸しした長いもの上に、とろ〜りもちきびをきれいにかけて軽くオーブンで焼きます。あるいは、玄米に混ぜて炊いてもいいし、刻み野菜やとうもろこし粒なんかと炊いておかゆにしてもおいしい。さっぱりとサラダにしたり、残りは丸くまとめてコロッケにしても。シチューに入れるととろみが出ます。また、りんごジュースと刻んだドライアップルで煮ると、見た目以上に、ボリュームのあるおやつとしておいしいんです。パンが好きな人におすすめです。

効用としては、まず胃を強めてくれます。胃が張ったり膨れているときは、もちあわのほうがおすすめです。血糖値のコントロールやホルモンのバランスを取っているすい臓、古い血球を分解している脾臓を強める作用もありますので、糖尿病や低血糖症、摂食障害、更年期障害の人にもおすすめです。でも、基本の主食は玄米にして、その上できびやあわを使ってくださいね。

上：「もちきび」オーサワジャパン株式会社
下：「もちあわ」オーサワジャパン株式会社

全粒うどん・全粒そうめん

白い麺では物足りなくなる噛み応えと豊富なレシピ

マクロビオティックでは、未精白の全粒穀物を主食にするため、麺類も全粒穀物から作られたもの、添加物が入っていないものにします。つなぎに卵などが使われていないかなどもポイントです。精白麺より消化がよいので胃にもたれにくく、脂肪に変わりにくい。玄米が重いな、暑苦しいなと感じるときや忙しいときに重宝します。

もちっとした歯応えと、麺自体のうまみがたまりません。精白された麺類では物足りなくなります。茹で時間は精白麺よりもやや長くなりますが、なんと水気を切ればほとんど延びません。たくさん茹でて食べきれない分は、翌日調理しなおしても歯応えはそのまま。玄米が白米と違ってふやけにくいように、繊維がしっかり残っているからです。ほうとうのようにしっかり煮込んでも崩れにくく、時間が経ってもべちゃべちゃしません。しっかりしたコシと心地いい歯応えのおかげで、いろんなメニューに変身します。まずシンプルに、昆布やしいたけだしの麺つゆで、ねぎや油揚げなどと麺そのものを楽しむ。他には、うどんは例えば、スライスしたこうふうと野菜を炒め、豆乳と葛でストロガノフ風ソース、といった洋風な食べ方も合います。豆乳を使わず、梅酢しょうゆで炒めてとろみを付けると中華風に。かぼちゃと豆乳などのソースとオーブンで焼けばグラタン風！　そうめんはもっと軽い感じのメニュー。例えばタヒニ（ごまペースト）としょうゆや白味噌のソースと和え、冷たくしてサラダ風に食べても○です。揚げればスナックになります。

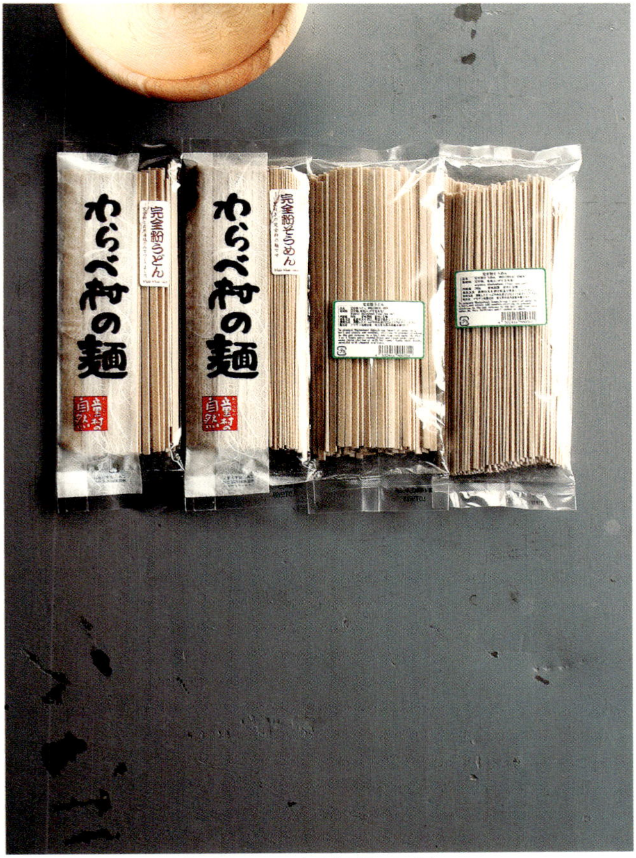

左から：「完全粉うどん」「完全粉そうめん」株式会社わらべ村
「完全粉うどん」「完全粉そうめん」テングナチュラルフーズ

全粒そば

体を温める力を持つ、歯応えが魅力の麺

昔は「田舎そば」と呼ばれていたらしい全粒のそばは、今では珍しくなってしまったようです。要は“そばの実の玄米バージョン”。そばの実を十割、つまり皮ごと使いましたという意味。「十割そば」と勘違いされることがありますが、これはつなぎに小麦粉を使わず、ほぼ全て精白したそば粉を十割使いましたという意味。全粒そばの歯応えを知ったら他のそばでは物足りなくなります。

できれば、麺つゆも手作りしましょう。そばには植物性だしが合います。昆布と干ししいたけやしめじでだしを取り、しょうゆやみりん、濃くしたければメープルシロップ、塩くらいで十分おいしいつゆに。薬味がいろいろあると風味も増します。たっぷりのすりごま、千切りねぎ、大根おろし、千切りしたゆずの皮など。ねぎや大根はそばの消化を助けてくれます。

そばは体を温める作用が強く、余計な水分を排出させる力があります。基本的に女性より男性向けの食材です。個人差がありますが、男性は週に１～３度くらい、女性は多くても週１度までが無難。そばは「陽性」の力がとても強く、女性が陽性のものを摂りすぎると女性ホルモンの働きが悪くなるんです。もちろん陽性も必要で、全くなかったら病気になってしまいます。ベジタリアンの男性は時々食べたほうがいいと思います。特に、活発になりたい、若いのに頭の前方がはげてきた、体を引き締めたいという男性におすすめ。子どもには２～３歳過ぎくらいまであげないほうがいいです。小さいときは消化しにくいのです。

「山形昔そば」（乾麺） 株式会社萬藤

全粒パスタ・全粒ペンネ

全粒粉こそのレシピをお楽しみあれ

どちらも有機栽培ですが、この全粒ペンネはちょっと珍しいものです。全粒パスタは、一般のスーパーマーケットやデパ地下でも時々見かけますが、紹介するのは歯応えと柔らかさが程よいタイプです。

栄養の面から言うと、必ずしも持っておく必要はないのですが、マクロビオティックを続けていくときの便利さと、料理のバリエーションを増やす意味では、かなり重要食材です。全粒パスタとペンネも、全粒のうどんたちと同じように、麺が延びにくくふやけにくいので後日使い回しができ、忙しい人におすすめ。

全粒、つまり繊維質たっぷりだからこそできる裏技は、一つの鍋で作るスープスパ。パスタを茹でている途中から、具にしたいカットした野菜や豆腐などを鍋に入れて一緒に煮ます。味付けは塩でも白味噌とごまペーストでもお好みで。精白したパスタと違って、茹で汁にでんぷんが溶けてどろっと固まらないからできることです。それから、茹でてから炒める和風ペペロンチーノ風も簡単。菜の花ともやしのような和の具もいいですよ。意外にひじきなどの海藻も合います。パスタもペンネも麺自体の味がしっかりしているため、薄味にして麺のうまみを楽しむか、逆に、ある程度しっかりとソースに味を付けたほうがいいと思います。中途半端だと、麺の味にソースが負けてしまったり、麺の甘みもぼやけてしまうからです。ペンネはチューブタイプなので、カリフラワーやヒヨコマメのポタージュなどの中に入れると、ソースとよくからみ仕上がりがおいしいです。くるみなどで違った歯応えを加えるのも特に女性に人気があります。

左：「LA TERRA E IL CIELO 認定有機栽培スパゲティ」（全粒粉） 株式会社種山ヶ原
右：「alce nero　全粒紛デュラムセモリナ・ペンネ」 日仏貿易株式会社

全粒ラーメン

ラーメン＝ジャンクフードじゃない！　麺もスープもこだわりぬいた

農薬、化学肥料不使用の小麦全粒粉をベースに、少し精白小麦粉を混ぜて作られた珍しい全粒粉ラーメンです。他は自然海塩のみ！　しかもノンフライでとてもヘルシーです。

この麺は、全粒うどんたちよりもっと早く、３分くらいで煮えます。コンビニなどで売られているインスタントラーメンに負けないでしょう？　歯応えがあるので、つるつる飲み込めるインスタントラーメンを求めて食べないでください。例えるなら、軽いそばみたいな食感です。私たち家族はこの食感が大好き！　麺自体にほのかな甘みがあって、噛めば噛むほどうまみが出る、健康的なラーメンです。また、即席スープも野菜やしょうゆだけでできているというこだわりよう。個人的にスープは少ししょっぱく感じるので、薄めたり、白味噌や甘酒、米飴など好みで混ぜて自己流スープにしています。もやしやねぎもたっぷり入れて。それと、お味噌汁の残りや鍋物の残りでこの麺を茹でるのも、簡単だけどおいしいですよ。安心な素材を使っているとはいえ、常食向きではないし、理論上絶対に必要なものではありません。だけど、買い置きしておくと「おなかすいたけど、作るのめんどくさい～」というときの心強い味方です。そうでなくても、この歯応えが欲しくて時々食べちゃうんですけど。

左：「シーウィードラーメン」（即席和風めん） 株式会社わらべ村
右：「マッシュルームラーメン」（即席和風めん） 株式会社わらべ村

玄米もち

この香ばしさ、とろ~り感は玄米だからこそのなせる技!?

もち玄米からできた、茶色いおもちです。おいしいですよ〜。甘くて香ばしくて。ちょっと値は張りますが、それは、丁寧にもち玄米を炊いてついて作るからです。最近は、先に米を粉末にして、それを固めただけのものがあるんですよ。ちゃんとつかれていないからすぐに煮崩れしてしまう。全然、力「モチ」になれるように、力を込めていないんです。

オーサワさんのものは保存が利くので便利、味もイケマス。加藤農園さんのものは煮ても焼いても、もう、とろ〜っとした食感、そして玄米の甘みがタマリマセン！ おもちってこんなにおいしかったの？ とびっくりです。どちらも、よもぎなど他の種類もあります。

もちと言えば、日本人はつい雑煮やのりで食べることばかりになりがち。もちろん、それも試していただきたいのですが、薄めにカットしてきな粉と米飴や甘酒、レモン汁、フルーツやナッツなんかと一緒にデザート風に食べるのもいいですよ。アメリカのもちは、パッケージに「ワッフルマシーンで焼く」と書いてあるくらいです。なんと、スライスしてワッフル型で焼くと、もちワッフルになるんです！ 甘くして食べる以外に、塩味にしたみじん切りのかぼちゃなどをトッピングしてみてもおいしい。他には、小さめに切ってドライフルーツや小麦粉と混ぜてフライパンで焼くおやつにも。スライスして揚げてみたり、細かく切って煮てシチューのとろみ付けにも使えます。おもちは、特に授乳中や体力が落ちているとき、運動量が多い人、やや太りたい人におすすめです。

上：「玄米もち」(有機包装もち）オーサワジャパン株式会社
下：「活性発芽玄米餅」(季節商品　11月～３月のみ販売）加藤農園株式会社

蒸しパン

発芽玄米ごはんがもっちりの秘密。もちろん天然酵母使用！

マクロビオティックを実践していくポイントの一つは、いきなり完璧を目指さず、できることから少しずつ、だと思います。そこで、まずはパンの種類を変えてみましょう。パンって多くの人が大好きですよね。でも原材料表示を見てみてください。ソルビン酸、増粘多糖類、リン酸、乳化剤……。インスタントラーメン並みの添加物が入っています。これを無添加のパンに変えてください。できれば、卵や牛乳、砂糖、イーストの入っていない、さらに全粒粉のパンを探してみてください。小麦粉の風味がとても豊かなので、添加物で味をごまかした、口の中ですぐネトネトするパンが嫌になるはずです。

いくらいい素材でも、マクロビオティックではパンや焼いた粉ものを毎日のメインにはしません。食べすぎると、肌の色は黒くなるしきめも粗くなり、体も硬くなるんですよ。時々（週１～２回くらい）にして、治病中はもっと避けましょう。でもその「時々」、私たちもとても楽しんでいます。おいしいパンはいろいろありますが、今回は加藤農園さんのパンを紹介します。理論上は全粒パンがイチオシ。繊維が豊富な全粒粉や発芽玄米ごはんが材料なのもうれしい（パンって胃腸にたまって便秘になりやすいのです）。その他、香り高いよもぎや、つぶつぶの食感が楽しい黒米なども是非！ 蒸しなおすと特にふんわり軽くて、でも噛み応えがあります。ごまペーストやメープルシロップなどと楽しんでも。あと、春雨や切干大根炒めなどベジタブルな総菜が入っているタイプもあって、いわば大きなベジタブル中華まん！ じゅわっとくるうまみがタマリマセン！ ボリュームたっぷりだけどおいしくて、男性も育ちざかりの10代も大満足です。

上から：「発芽玄米パン（よもぎ）（小豆）」「発芽玄米全粒パン」（下の袋も）
「発芽玄米パン（プレーン）」「発芽黒米パン」加藤農園株式会社

おかずもの

Side dish

メインディッシュに欠かせない豆製品から、中にはきっと初めて見るびっくり食材も。肉・卵・乳製品なしの食卓は意外とバラエティー豊かなのデス。

小豆

むくみや冷えで悩んでいるなら是非試したい

小豆は毎日食べてもよい、低脂肪がうれしい豆です。体から余計な水分を抜いてくれるので、水太りの人やむくみで悩む人に特におすすめ。水を一日に2リットル飲む人がいますけど（私もやりました）あれは摂りすぎ。本当は一日4～5杯もいらないくらい。水分過多になると、腎臓や膀胱が疲れて目の下がたるんで膨れてくるんです。そうなると、むくむ上に疲れやすく、いつも体がだるくて朝すっきりと起きることができません。余計な水分が抜けると目の下のたるみもなくなります。小豆はそんな症状で困っている人の強い味方。砂糖や蜂蜜、果物の摂りすぎも体内で余計な水分に変わって、水太りなどの原因になるのですが、小豆はその中和にも効果を発揮。牛乳や乳製品が好きな人も同様の症状が出やすいので、小豆は欠かせないです。

そんな小豆。まず玄米やもち玄米と炊いてください。色がきれい。かぼちゃと煮ると、目の下がたるんで赤黒くなっている、腎臓が悪い人や糖尿病の人への特効薬。あんこやぜんざい、おしるこにも。ただ、写真の小豆。そのまま煮ても信じられないくらいおいしい！　有機栽培の小豆を初めて食べたときも驚いたんです。甘みとおいしさが今までの小豆と違って、色落ちせずふっくらまろやか、塩味だけで満足、って。この「平譯さんの畑から」（小豆）を食べて、さらに愕然としました。もったいなくて砂糖なんかかけられません。少しの昆布と差し水でコトコト煮てください。そのおいしさといったら……。言葉にできない感動でした。

「平譯さんの畑から」(小豆)　株式会社風水プロジェクト

黒大豆

ツヤツヤのふっくら豆。女性ホルモンや腸のトラブルに……

小豆と同様、常備してほしい低脂肪な黒大豆です。こちらも「平譯さんの畑から」(黒大豆)をおすすめします。豆の種類は岩井黒大豆というものだそうで、ツヤツヤしています。初めて食べたとき、ふんわりした柔らかい甘みに本当に感激しました。長年有機栽培に取り組んでいる平譯さんは土が一番大切とおっしゃいます。そしてなんと、豆を天日干ししているんです。北海道で北風の強い日にさらしているそうです。最近の豆はほとんどがボイラー乾燥。どんな素材でも天日干しのものって、ボイラー乾燥に比べると味が全然違います。それを改めて思い知りました。

黒大豆は黄大豆よりも低脂肪で、体内にたまった余計な成分を排出する作用があります。腸や器官の調子が悪く、肌のトラブルが多い人、骨にトラブルが多い人にもおすすめ。また、女性のホルモンに関するトラブルをよくする効果があります。生理痛やおりものがひどい人も定期的に食べてください。生殖器に余分なものがたまっている証拠です。牛・豚肉、サーモン、まぐろ、チーズやバター、パンやクッキー、ピザ、卵、フライドポテトなどを好む人は、特にたまりやすいです。これらの余剰物を溶かし出すのに煮汁をすすめますが、もちろん、おかずとして食べても効果はあります。生理前のイライラ緩和、更年期障害の女性にも。また、母乳の出が悪いときにもおすすめです。

「平譯さんの畑から」（黒大豆） 株式会社風水プロジェクト

ヒヨコマメ

ほっくり栗のような甘みと、ころんとした姿が魅力

別名をガルバンゾー豆と言います。数ある豆の中でも、脂肪が少ないので、温帯地域で常食してもよいとされています。ヒヨコマメを選ぶときは、水煮の缶詰ではなく乾物にしましょう。安いだけではなくて、そのほうが断然おいしいからです！　ほ〜っくりした甘みがあって、特に女性や子どもは、きっと大ファンになってしまうと思いますよ。いも栗かぼちゃ系が好きな人は、絶対気に入るはず！　軽く洗った後、数時間水に浸けておきましょう。急ぐときも、たとえ15分でも30分でも浸水させたほうが早く煮えます。炊き方は簡単。昆布一片と数倍の水で炊きます。結構アクが出てくることもあるので、それは取り除いたほうがいいです。ガスがたまらないし、豆独特の臭みも残りません。圧力鍋で炊くときは、アクを取ってから圧をかけるとよいでしょう。

炊いたものは密閉容器に入れて、少しずつ使いまわせます。サラダやマリネにしたり、炒めたりパスタに和えたり、何かで包んだり。ミキサーでタヒニや梅酢、しょうゆなんかとペーストにしてもいいし、マッシュして炒めた玉ねぎなどとコロッケにして、全粒パンに挟んでコロッケサンドなんかはいかがでしょう？　甘みを付けたペーストやぜんざいもおいしいですよ。私は豆だけだと重いとき、雑穀や野菜と炊きます。ひじきのような海藻との相性も抜群です。欧米のマクロビオティックコミュニティーでは、この豆で作られた味噌は甘みがあって、大変人気があるそうです。コクとボリュームがあるのに脂肪は少ないお助け素材です。

「ひよこ豆」テングナチュラルフーズ

レンズマメ

お急ぎのときに大活躍！　早く煮える便利な豆

名前の通り、レンズのようなカタチをしています。エジプトなどで西暦以前から食べられていたという記録があるほど、歴史のある豆です。皮も丸ごといただくというマクロビオティックの理論上で言うと、本当のおすすめは皮が付いている緑色（茶色）のバージョンです。より早く煮える皮なしの赤色（オレンジ色）は時々にしてください。この赤、色がとってもきれいなのですが、火が通ると色がやや落ちます。一方、緑色のほうも15〜30分程度で煮えます（他の豆は、浸水させておいても煮えるまで30分以上かかることが多いです）。マクロビオティックを始めると、急に豆が食べたくなることって結構あるものなのですが、そういうときにも重宝します。

栄養としては脂肪が少なく常食に向いています。春夏の頃や、小豆や黒豆、ヒヨコマメなんかが重いな〜と感じるときによく使います。風味が少し小豆に似ているので、ぜんざいにしたり、あんこに混ぜたりすると、洋風・和風のデザートで楽しいです。秋冬には、たっぷりの玉ねぎやかぶ、にんじん、ねぎなんかとコトコト煮込んで欧風シチューにすると、簡単にそのおいしさが楽しめます。ごはんと一緒に炊いても意外とおいしいです。なんだか中近東風玄米ゴハン！　という趣きです。

上：「有機赤レンズ豆」テングナチュラルフーズ
下：「有機茶レンズ豆」テングナチュラルフーズ

納豆

豆本来の甘みを引き出す技、炭火発酵のネバネバ

「ほんこつぶ納豆」も「斉藤さんの小粒納豆」も、国産丸大豆を使用。そして、炭火発酵でちゃんと何十時間かかけて、豆のスピードに合わせて発酵させていますから、変な臭みもしないし、熟成の甘みがあります（最近は電気で発酵させるものがほとんどで不自然に臭い）。さらに、納豆がちゃんと呼吸して変化していけるよう、発泡スチロールではなく経木巻き。手間ひまかけられた納豆のこのざくざくした味、たまりません。よ～くかき混ぜてネバネバをしっかり出し、しょうゆやマスタード、または玄米酢を落として、またまたよ～くかき混ぜてください。たくさん糸が出てふわふわ～。その中には、しっかり粒の納豆が！　みじん切りにしたねぎや大根おろしを加えると……。私はこの納豆と玄米ごはんだけで幸せになれます。ちなみに、付属のタレには砂糖やかつおだしが入っているものが多いので使いません。あと、しょうゆのかけすぎとかき混ぜ方が足りないのには注意です。しょうゆは、本来少し熱を通してから食べたほうがその塩分が吸収分解されやすいんです。納豆のように直接かける場合は、しっかりかき混ぜて圧力をかけると塩分が分解されやすくなります。

納豆は便秘や大腸のトラブルで悩んでいる人にもいいです。特に、ねぎや大根おろしなど辛みのある野菜を混ぜて召し上がると、納豆のたんぱく質が消化しやすくなります。春巻きのような揚げ物や油揚げに詰めて焼いて食べてもおいしいですよ。

上：「ほんこつぶ納豆」株式会社保谷納豆　下：「斉藤さんの小粒納豆」株式会社正直村

テンペ

ざっくりとした食感が魅力の発酵食品

テンペ菌というカビの一種で発酵させた大豆製品です。発酵すると大豆はより消化がよくなり、ビタミンEやBなども多くなります。最近では、コレステロール値の低下などに効果がある、とテレビなどで知った人も多いでしょう。老若男女問わずすすめられますが、赤肉やチーズ、卵などを多く食べてきた人に特におすすめです。ただ気を付けたいのは原材料です。まず、できるだけ有機栽培や特別栽培の丸大豆を皮ごと発酵させたもの、原材料に○○酸といった、短時間で発酵を強めるための添加物が入っていないものにしましょう。以前、仕事で食べる必要のあったテンペは添加物がいっぱいで、不安に思いながら食べてみたところ、おいしくないだけではなく、食後に腕がしびれてきてしまいました。

食べるときは、生よりも加熱することをおすすめしたいのですが、「黒豆てんぺ」は大粒の豆に甘みがあって、つい生で食べてしまいたくなるほどです。たいていのテンペは「おいしいテンペ」のように板状です。簡単なのは、砕いたりスライスにしたりキューブ状に切るなどして、野菜と炒めること。しょうゆや甘酒などでタレを作って、それに漬けてから焼いたり揚げたりしてもいいし、逆の手順でも。チャーハンに入れたり、ピーナッツ味噌などを作って田楽風に、炒めてコクを出した野菜とミキサーにかけてペーストやディップにしたりとさまざまです。すぐ火が通る上に食感が強いので、時間がなく、ボリュームがあるものが食べたいときに便利な食材です。

上：「おいしいテンペ」（発酵大豆） 有限会社プランニング・エメ
下：「黒豆てんぺ」 有限会社登喜和食品

高野豆腐

消化がイイ、日持ちもイイ、おやつにもイイ

うちの5歳の息子は高野豆腐が大好物です。「えー、渋い趣味！」とびっくりなさるでしょうか。でも、おいしい高野豆腐を食べてみたら納得されますよ。だって、ほのかな甘みがあるんです。多くの高野豆腐は安価な輸入大豆や脱脂大豆から作られています。輸入＝悪いと言いたいのではありません。でも、国産丸大豆のおいしさを是非味わってください。加えて、たいていの高野豆腐には、重曹などの膨張剤が入っています。柔らかくして舌触りをよく、ということなのでしょうが、個人的には歯応えがなさすぎて物足りなく感じます。重曹なしの本物高野豆腐、そのシコシコざくざくした噛み応えを味わってみてください。噛むほどにおいしい高野豆腐の甘みがじゅわ～っと広がります。

一般的に、使うときは最初にお湯で戻して、それから水の中で濁りがあまり出なくなるまで絞りながらすすぎます。柔らかさを求めない場合、直接だしなどで煮込んだほうがおいしいときもあります。また、カットの仕方で味の染み方がかなり変わります。そぎ切りのように断面を大きく斜めにカットすると味が染みやすいです。私はこれを入れたきんぴら、または切干大根との煮物が大好物です。しょうゆだけでとっても甘い！　また例によって、おやつにもしばしば登場。すりおろしてクッキーに入れたり（おから風味）、甘く味付けしたライス＆ソイなどで煮ながら戻して軽く焼くと、硬めのフレンチトーストみたいなおやつに。メープルシロップなんかをとろっとかけたりして。カルシウムもたっぷりで、毎日食べてもOKのうれしい食材です。

「にがり高野豆腐」（凍り豆腐）　ムソー株式会社
（2005年5月より「国内産有機丸大豆使用　にがり高野豆腐」に変更）

豆腐

塩だけで食せる「イイ豆腐」はアレンジも利く優れもの

マクロビオティックを始めると、豆腐が大活躍します。簡単なのはスクランブル豆腐。しっかり水切りし、みじん切りの玉ねぎや野菜、コーンなどと炒めて塩で味付けするだけです。コツは何と言ってもおいしい豆腐を使うこと。他にも、ざっくり割って揚げてから煮たり、田楽やサンドイッチの具にしたり。ガーゼにくるんで味噌にひと晩以上漬け込むと、チーズのようなコクが出ます。

私は主に３種を使い分けています。食感のしっかりしたもぎ豆腐店さんは豆腐ステーキや豆腐ディップなどに。豆腐クリームやスクランブル豆腐をふわっと仕上げたいときなど、やや柔らかく使いたいときは大豆屋さん、「冷奴でそのまま食べたい」というときは五右衛門さんの絹。甘味料とミキサーにかけて作る豆腐クリームは、豆腐臭さが残らないように一度軽く茹でましょう。いちごやきな粉、栗、ヒヨコマメなどでフレーバーを付けると楽しい。他にもタヒニや梅酢、白味噌、塩など好みの調味料で作る豆腐のクリーム類は、ディップとして海藻サラダやパスタのソース他なんにでも使えます。

みんな知っている「豆腐」ですが、そのおいしさ、あまり知られていない気がします。国産丸大豆を使ったものは非常に少ない。さらに、消泡剤などが入っているものが多く、生で食べ比べると明らかに臭い。そして、なんだか緩んでいてきめが粗い感じ。解熱剤としても豆腐を使うことがありますが、これも「イイ豆腐」のほうが効くんですよね。発熱したとき、水切りした豆腐を小麦粉で硬さを調節してペーストにし、ガーゼなどでくるんでおでこに当てます。氷よりずっと早く熱を取ってくれます。

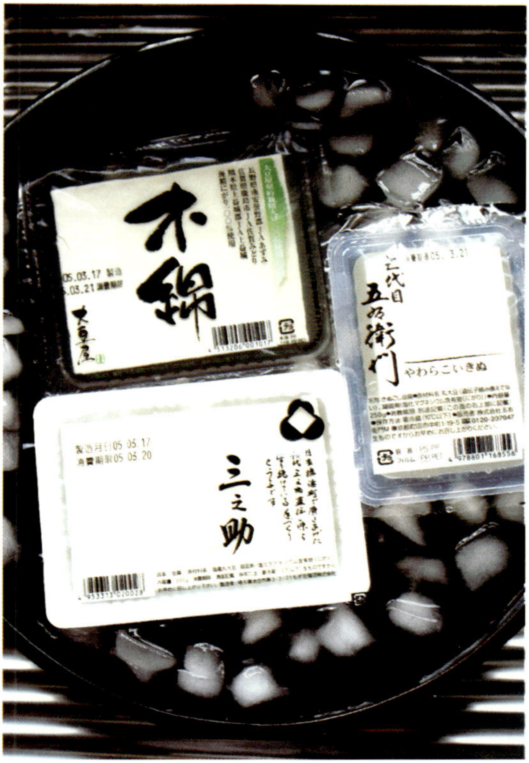

上：「大豆屋木綿」（もめんとうふ）　有限会社大豆屋
右：「三代目五右衛門やわらこいきぬ」（きぬごし豆腐）　株式会社五右衛門M
下：「三之助」（豆腐）　もぎ豆腐店株式会社

油揚げ・厚揚げ

いい油と製法の威力に納得。揚げ物なのにギトギトしない

通常、油揚げは非常に油っぽいので、油抜きしますよね。でも、もぎ豆腐店さんの油揚げは、そのままでも平気。油分がべとべとさではなくおいしいコクを生み出しています。こちらの油揚げは高価な圧搾製法の菜種油を使っています。一般的な油揚げは、できるだけ安価な食用植物油。溶剤や遠心分離機から作られた油で、血液を酸性化させるとされています。油揚げって、二度三度と揚げて作られているもの。相当量の油を食べていると思ったほうがいいです。厚揚げは一度揚げているだけですが、それでもかなりの油量です。もぎ豆腐店さんの厚揚げたちに慣れると、昔食べていた消泡剤入りの豆腐を安価な植物油で揚げて作った厚揚げたちは、臭くてギトギトしてなんだか苦い。舌に変な味が残ります。食感もすかすか、変なスポンジみたい。いずれにせよ、油脂分が多い食材なので、治病中や健康なときでも毎日使うことは避けます。

簡単な食べ方は、油揚げを素焼きにして大根おろしとねぎと酢じょうゆ（網で片面ずつ焼き、表面に浮いてくる油はキッチンペーパーで吸う）。酒のつまみにもなります。炒め物に加えるとすぐコクが出ますし、ひじきや昆布、切干大根と煮るのも相性がいい。玄米ちらし寿司に混ぜても美味。中に納豆や豆類、みじん野菜、もちなどを詰めて煮るか焼く。厚揚げはシンプルに野菜と煮てみてください。間を切って刻みねぎと味噌を合わせたものを挟み、のりで巻いてカットして、オーブンで焼くと手軽なボリューム料理。油抜きしてガーゼで包み、味噌漬けにするとコクのある豆腐チーズになります。

上：「生あげ」もぎ豆腐店株式会社
下：「油あげ」もぎ豆腐店株式会社

がんもどき

おでん用だけじゃない。バリエーションいっぱいの揚げ豆腐たち

がんもどき、またの名を関西では飛竜頭（ひりょうず）。写真のものはにんじんやしいたけなどが入ったオーソドックスなタイプですが、他にもごぼう入り、ゆり根入り、しめじ入りなどもあります。がんもがこんなに種類が豊富で、食感豊かだったなんて知りませんでした。つい、あれこれ試したくなってしまいます。厚揚げたちと同じで、やっぱりこれもいい油で揚げてあるので、コクはあるけどくどくない。変に油っぽくないから調理もラクです。油抜きしなくていいし、多少火の入りが悪くてもおなかをこわしたりしない。網で焼いたり、煮たり、スライスして炒め物に加えるのが一般的です。他には、にんじんや玉ねぎを炒めて、最後にカットしたがんもを加えて煮て、酢としょうゆなどと葛で甘酸っぱいタレを作って酢豚風に。中の具の野菜もちゃんと自己主張していて、どう料理してもおいしく仕上がってくれるお助け食材です。お弁当に入れると場所もとってくれるし！　ボリュームもあるので、寝坊した日はついがんもに頼ってしまいます。

厚揚げたちもそうですが、がんもも特に焼いて食べるときは、できるだけ大根おろしを添えて、消化分解を助けるようにしてください。

「京がんも」もぎ豆腐店株式会社

豆乳

牛乳の代用品として飲むよりも料理に使って

豆乳＝ヘルシーというイメージを持っている人は多いと思います。しかし、調整豆乳は砂糖や米油、乳化剤、糊剤など添加物がいっぱいです。体内で成分が停滞し老廃物として残りやすくなります。どうせなら、添加物が入っていない、大豆の甘みがある豆乳を選びましょう。おかべやさんの豆乳は国産丸大豆を使用。コクがあってやさしい豆の甘みがあるけど、豆臭くはありません。やっぱりいい豆を使っているからだと思います。豆自体がおいしくない豆乳だと砂糖などが必要になるのでしょう。私はおかべやさんのをよく使っていますが、お菓子作りなどには時々、テングさんで扱っているエデン社のものを使います。こちらは輸入物ですが、大豆フレークでなく有機大豆を使用。海藻粉末などを加えているので、豆乳というより植物性ミルク。デザートを作るとき、豆のにおいが気になる人におすすめです。コーンや大麦などから取った安定剤などが入っていますが、化学合成物質とは違う、より安心な材料です。しかし理想はシンプルな豆乳。上手に使い分けるといいと思います。

マクロビオティックは牛乳の代わりに豆乳を使えますが、豆乳は体を冷やす作用が強いです。肉類や塩気の強いものを好む人が一時的に飲むのはいいですが、生で毎日は飲まないほうがいいです。使うときは生ではなく加熱します。残り玄米を豆乳とリゾット仕立てにしたり、乳製品抜きのポタージュや豆乳鍋、デザートやカフェオレ風の飲み物にしてみても。でも、毎日生で大量には摂らないでください。牛乳よりはずっといいですが。なお、乳児に母乳の代わりに豆乳をあげることはやめましょう。

左：「ソーイミルク・プレーン」テングナチュラルフーズ
右：「無添加純豆乳100」株式会社おかべや

昆布

マクロビオティックの必需品。"だし"にもおかずにも

動物性だしを使わないマクロビオティック。でも物足りない食事ではありません。例えば、昆布だしはうまみ成分グルタミン酸がいっぱいです。このうまみは水に溶け出すので、10cmくらいに切って、そのまま3カップ程度の水に数時間漬けておくだけで十分です。今回ご紹介したものは、珍しい養殖ではない昆布です。養殖が必ずしもよくないわけではないですが、ちゃんと海底から生えているせいでしょうか、とっても濃厚な味がします。私は昔、昆布巻きをおいしいと感じたことがありませんでしたが、こういう昆布でにんじん昆布巻きやおでんを作ってみて、昆布の甘さに驚きました。

昆布の厚みは必ずしもうまみとは比例しません。基本的に、利尻昆布は薄いほうが味はよく、日高昆布は厚いほうがいいとされています。水で戻した後は、極細くスライスすると3層の色が美しい。スープに入れると、多くの人に「このきれいな野菜はなんですか？」と聞かれるほどです。栄養素では、カルシウムやマグネシウム、鉄分、亜鉛、カロテン、ビタミンKなどを含んでいますが、かなり「陽性」。バランスが大切ですから、毎日昆布ばっかり、昆布だしばっかりにはしないでください。理想は、例えば春や夏は干ししいたけだしを多くする、野菜だけのだしにするなど、体調や季節によって調整していくことです。難しいかもしれませんが、徐々に「今日は昆布だしの気分じゃないな」などと感覚的に分かるようになりますよ。迷ったら、ワンパターンを避けていろんな種類のだしを順々に使うといいと思います。小さい子どもさん、更年期障害、顔色の黄色い人は特に、昆布そのものを食べることは控えてください。

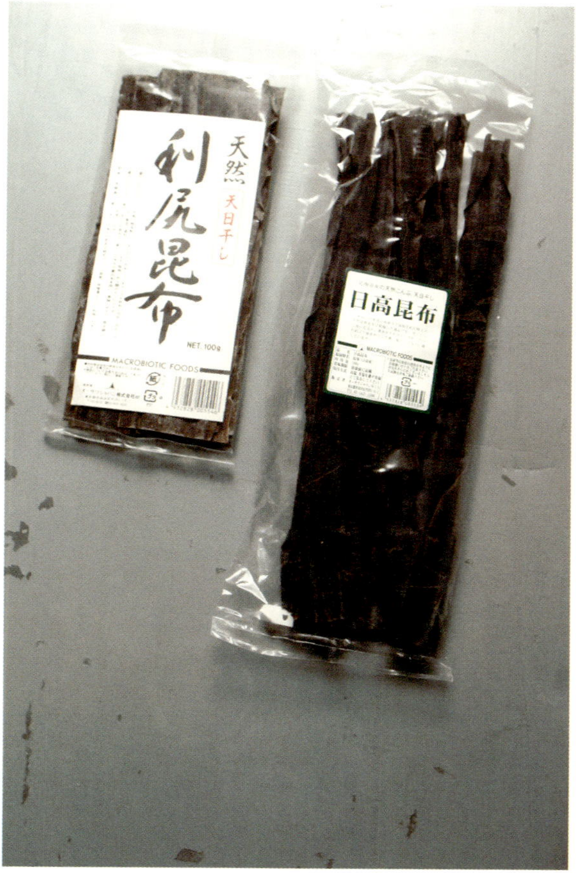

左：「利尻昆布」オーサワジャパン株式会社
右：「日高昆布」オーサワジャパン株式会社

ひじき

甘みのある海藻。おなかの掃除・引き締め効果あり

さっと洗って水で戻してから使いますが、その漬け汁も捨てず、煮るときに使ってください。水に漬けると、ひじきのうまみや栄養素がどんどん水のほうに溶け出ていくからです。砂糖を使わなくても、甘い野菜、例えばにんじんやかぼちゃ、とうもろこし粒などと一緒にコトコト煮て、しょうゆで味付けするだけで十分甘く仕上がります。そのままでもおいしいですが、玄米ごはんと混ぜてひじきごはんにしてみても。煮る前にうっすら油でさっと炒めるか、油揚げのような少しの油と調理すると大変コクが出ます。夏は煮物だと暑苦しいので、パスタに和えたり、他の野菜や海藻、時にはレーズンなどと混ぜてサラダに。ソースは白味噌と白ごまと梅酢とか、甘酒と梅干しペーストなどが私は気に入っています。豆腐を水切りして、好みの調味料とすり鉢で潰してひじきと混ぜた白和えも、夏には欠かせない一品。

ビタミンEやK、B2、ナイアシンなどを豊富に含みます。肺や大腸を引き締め、そこにたまっている老廃物を排出して強くする力や、皮膚を強くする力を持っています。風邪を引きやすい人やぜんそく持ちの人、便秘・下痢がちな人、下唇のたるみが気になる人、また、おならが出やすい人やおなかが鳴りやすい人にもおすすめです。特に、乳製品（ヨーグルトや生クリーム、アイスクリーム）やチョコレート、ココア、フルーツゼリーなどが好きだった人はひじきを食べることをおすすめします。

「長ひじき」オーサワジャパン株式会社

あらめ

意外に使い方は簡単。胃にやさしい柔らかな甘さ

実を言うと、私はマクロビオティックを始めるまであらめの存在を知りませんでしたが、穏やかな甘みがとてもおいしくて、すっかりファンになってしまいました。基本的に、使うときはさっと水洗いするだけで、その後水にはさらしません。すぐに水から引き上げて、軽く炒めたりしてから煮込むなどします。例えば、薄くスライスした玉ねぎを軽く炒めてから、さっと洗ったあらめを重ね入れます。玉ねぎがかぶるくらいの水と、2、3滴のしょうゆを全体に行き渡らせ、コトコト煮ます。柔らかくなったら、しょうゆでさらに味付けして水気を煮とばす。たったこれだけなのですが、玉ねぎとあらめの甘さのハーモニーは、繊細で深みがあって絶妙！　あらめは、たいてい一度湯がいてからパッケージに入れられているので、使うときはさっと茹でるだけでいいのも魅力です。しそや茹でにんじんなどと合わせて、甘酒と梅酢やごまペースト、白味噌などでドレッシングを作ってサラダにしたり、レンズマメやヒヨコマメなどの豆類と煮物にしてみても。また、サラダや煮物の残りはパスタと和えなおしてもおいしいです。

穏やかな甘みは、胃やすい臓の働きを整える作用があります。でも雑に調理すると台無し。消化器官が弱い人やホルモンバランスが崩れてイライラしたり、気持ちのアップダウンが激しい人、生理不順になりやすい人、アトピー症状の人にもおすすめです。特に症状が出ていなくても食生活が不規則で乱れていた人、コンビニ食が多かった人も是非食べてみてください。

「あらめ」ムソー株式会社

わかめ

緑がとってもきれい。おいしいだしも出ます

わかめは薄いので、すぐに火が通りますよね。かなり軽いエネルギーを持った海藻です。肝臓が硬い人（＝眉間にしわがある人）や胆嚢が膨れている人（＝足の薬指が膨れていて、脇をくすぐられるのにヨワイ人）両方におすすめです。スープに入れるのが一般的ですが、ごまやごまペーストととても相性がいいので、それらを使った炒め物やおひたしもおすすめです。煮豆やテンペ、温野菜、とうもろこしなどと合わせてもおいしいですよ。

塩蔵タイプと乾燥タイプをご紹介しますが、新鮮で柔らかい食感が欲しいときは、やっぱり塩蔵タイプ。それもできるだけフレッシュなものを使いたいですね。ただし、さすがに塩辛いので、ざっと水洗いしたら数分水に浸して塩抜きしてください。塩抜きしないと、特に肝臓が硬い人には逆効果！　一方、乾燥タイプはすぐに戻るし、手軽に使えて便利です。おいしいだしも取れます。昆布や干ししいたけを水に漬け忘れたとき、または昆布だしじゃ重いなぁ～、干ししいたけのだしじゃ冷えそうだなぁ～というときに水から入れて使いましょう。乾燥わかめをオーブンで焼いてごまと一緒に砕くと、わかめふりかけになります。これを玄米ごはんのおともにするとクセになりますよ！

上：「オーサワカットわかめ（鳴門産）」（乾わかめ）　オーサワジャパン株式会社
下：「三陸生わかめ」（湯通し塩蔵わかめ）　三陸水産有限会社

のり

無添加、酸処理なしのうまみがクセになる

ちょっと口寂しいときに、思わずぱりぱりとつまみたくなってしまうものは何でしょう。「ポテトチップス」ではありません。そのまま食べたくなるくらいおいしい「のり」です。酸処理なし、天日干し、炭火焼きのおいしさをお試しください。酸処理とは養殖の過程で酸性液に浸すこと。小売店で「酸処理していないのりなんてほとんど流通していません」などと言われることがありますが、ちゃんとあります。何が違うってまず香り。そして味もやっぱり濃い！ そのままでもおいしいとはいえ、使うときは必ずあぶるとか煮るとか火を通してください。火を通さないと消化に悪いのです。海藻は、マクロビオティックでは不可欠な食材の一つですが、慣れないと使いづらかったり、ひじきや昆布ばかりだとちょっと重いときもあると思います。のりだと手軽に使えるし、軽いのでとっても便利。でも、うまみ成分などの添加物がべっとり塗られた味付けのりではなく、焼きのりのように調味料が添加されていないものにしてください。

炊き立ての玄米ごはんと梅干し、しょうゆとのりは「これぞ王道のうまさ」ですが、パスタにもよく使います。寝坊した日のお弁当には、ごはんの間にしょうゆや梅干しの刻みとのりやごまを重ねてのり弁風にして豪華な気分！ しょうゆと煮込めば手軽にのりの佃煮風に。

栄養素としては、貧血防止や代謝の調整をするとされるビタミンB12（植物性食品にはあまり含まれていないため、ベジタリアンは不足しやすいとされている成分）や血液を凝固させるのに必要とされるビタミンKなど、他の食材に少ない成分を多く含んでいます。

「焼のり」三陸水産有限会社

干ししいたけ

濃い"だし"が取れる！ 国産の原木栽培

この干ししいたけ、一般に売られているものと比べたら結構高い！ それでも使いたいのは、少量ですご～く濃くておいしいだしがたっぷり出るからです。取れるだしの量と濃さで比べたら、きっと安いですよ。水に1時間からひと晩漬けておき、さらにだしごと火を通すとなおいい。戻したしいたけが、これまた濃厚な味を持っています。刻んで味噌汁の具にすることも多いですが、煮つけてのり巻きの具とか炒め物に加えるとコクが出ます。

しいたけは国産のものがどんどん珍しくなっています。特に、原木栽培はお金と時間がかかることから減りつつあります。その名の通り、原木に種菌を植え込み1年くらいかけて自然環境で育てるのです。最近は菌床栽培といって、おがくずに米ぬかなどを入れて室内できのこを発生させる方法が増えていて、生しいたけは特にほとんどが後者に変わっていっています。また、一般に傘の開かない厚肉のものを「ドンコ」、傘の開いた薄肉のものを「コウシン」と呼びます。

マクロビオティックの観点で言うと、しいたけは「陰性」が強く、体を冷やし、細胞を緩める働きがあります。この性質を上手に使って、体がほてるときや暑い季節にしいたけのだしを活用します。その煮出し汁は、後頭部・右側面の頭痛、高血圧によく効きます。体が冷える人は、毎日の使用は避けます。

「しいたけ・どんこ（小粒）」ムソー株式会社

切干大根

ぎゅっと詰まった甘みで気付く天日の力

選ぶときは、ボイラーで乾燥させたものではなく、天日＝お日様に当てて乾かした切干大根にしましょう。コクと甘みが違います。試しにそのまま食べてみるべし!? まるで植物性するめで、噛めば噛むほど甘いです。食べすぎるとおなかを下しますけれど！

さて、調理して使うときですが、まずざっと洗って水で戻してから、戻し汁ごと油揚げや高野豆腐、ちょっとの昆布などと一緒に、弱火でことことじっくり煮込み、しょうゆなどでシンプルに味付けしてみてください。簡単だけど、じわーっと甘みが広がる一品になります。さっと茹でたり、お湯をかけて戻してサラダや酢の物にも。さらに意外にも、豆腐マヨネーズのような洋風なソースともよく合います。ぎょうざの具にしてみるのもおすすめ。これは皮が分厚いほうがおいしいので、料理が好きな人は手作りぎょうざの皮にチャレンジしてみてください。また、「だし」として使うのもおすすめ。

切干大根は、カルシウムや鉄分を豊富に持っています。また、その煮汁が体にたまった脂肪や余剰物を溶かすことから、マクロビオティックではさまざまな病気の人に煮汁をすすめることがあります。気を付けてほしいのは、その煮汁は体質によって体が冷えたり鼻水が出たり、体がだるくなることがあります。その場合は、しばらくの間使うのを控えるか、梅干しやしょうゆ、味噌などとしっかり煮込んで使ってください。

「切干大根」オーサワジャパン株式会社

下ごしらえも調理も簡単。ボリュームメニューを作りたいときに

板《いた》麩《ふ》

肉を食べないマクロビオティックですが、その代わりにたんぱく質を豊富に摂ることのできるものがあります。それが「麩」。麩は小麦グルテンの塊で、植物性たんぱくが9割以上です。しかも消化がいい。特に板麩のいいところは、すぐに戻るし、火の通りも早いことですね。ほんとに便利です。簡単に一品増やせてボリュームも出せます。炒めたりするときは、一度お湯で戻すのですが、何とも香ばしい香りが漂ってきます。そのまま食べてもせんべいとしておいしいくらい（注：本当の食べ方ではありません）。味はしっかり、肉厚です！

まずはお湯で戻した後、細切りにして例えばしめじやねぎ、春雨なんかと炒めると、それだけで中華炒めのお肉みたい。野菜だけじゃ物足りない人にはぴったりです。白菜など野菜としっかりしょうゆなどで味を付け、水で溶いた葛でとろみを付ければ、即席八宝菜風だし、これの豆乳バージョンも楽しい。蒸した野菜などを、戻した板麩でくるっと巻いてつまようじでとめて焼いたり、戻さずぱりぱり細めに割って、味噌汁にそのまま入れるとボリュームが出ますよ。よく売られている麩よりずっと肉厚で味もしっかりしているから、煮崩れしないし食べ応えがあります。切らずに戻したまま広げて、にんじんなどのシチューの残りや豆腐クリームと交互に重ねてラザニアも作れます。

「炭火焼き　南部手焼板麩」羽沢耕悦商店

車麩《くるまふ》

カツやどんぶりのこってり料理に最適。全粒だから繊維が豊富！

小麦粉を水で練ってたんぱく質の塊を取り出し、焼いたものです。精白小麦粉から作られているものが多い中、こちらは全粒粉で、食物繊維がより豊富に残っているのがうれしい。試しにそのままかじってみると、精白された麩と違って、大変コクのあることが分かります（うちの息子は２歳くらいの頃、まるでせんべいかのように、ばりばりと食べたがる時期がありました）。こうふうや大豆たんぱくより消化がいいので、子どもさんや胃腸の弱い人には、これらよりも麩のほうがおすすめです。水などで戻すと、２倍とはいわないまでもかなり膨らみます。だしとしょうゆ、しょうが汁などで直接煮込みながら戻して、よく水気を切って衣を付けて揚げると、車麩カツというボリュームのある一品に。衣もパン粉だけでなく、ときにはそうめんを砕いたものや、春雨、ナッツなどでバリエーションを付けても楽しいですよ。また、素揚げしてから野菜や春雨などと煮ると、植物性だけのものとは思えないほどコクが出て、若い人や男性に人気です。その他には、野菜と煮込んで葛でとろみを付けると中華風の炒め煮に。煮込んだ後に油でソテーにしてステーキ風！　どちらもごはんにのせるとどんぶりになります。カレーやシチューに加えるとボリュームアップ！

「車麩」（やきふ） オーサワジャパン株式会社

梅干し

中和役として欠かせない。調味料としても手放せない

子どもの頃は大嫌いだった梅干し。こんなに「離れられない仲」になるなんて思ってもいませんでした。マクロビオティックでは、油っこいものや砂糖、熱帯産の果物など普段食べすぎないほうがいいものがいろいろあります。血液を酸化させたり、体調を悪くするものがほとんどですが、すぐに全てを控えることができる人はあまりいません。そんなとき梅干しが大活躍！ 何でも中和して血液を正常に近づけてくれる、頼りになる存在です。特に、梅肉を包丁で刻んでしょうゆやしょうが汁と練り合わせ、熱々の番茶を注いで飲む梅醤番茶が理想。また、王道の梅おむすびは消化を助けるだ液を出させ、ごはんを傷みにくくする殺菌作用もあり、合理的で素晴らしい食べ方です。

また、調味料としても魅力。すり鉢で梅干しと玄米甘酒、梅酢とすり合わせたソースは色も美しく甘酸っぱい。タヒニとすり合わせ、白味噌やしょうゆ、梅酢などと混ぜたソースはさっぱりしてパスタや茹で野菜、ごはんにすら合うほどです。他にも海藻や穀物、豆、ナッツ、いろんなサラダに活用します。梅干しの種は、ごぼうを煮るときに入れるとアクが取れるし柔らかくなりやすい。ごはんと炊くとほんのり酸味と赤色が食欲をそそります。野菜を茹でるときお湯に入れても、同じような効果あり。

気を付けたいのは原材料です。市販品のほとんどは添加物や甘味料がいっぱい。梅と塩としそだけで、できれば２年以上漬けられたものを。私の一番の理想は、梅肉が柔らかく、しょっぱすぎない、天日塩で２年以上漬けられたもの。これを目指して自分でも漬けてみています。

「百生梅」（梅干（岐阜県産）） オーサワジャパン株式会社

シンプルな材料で作られた漬物は必須食材　～しょっぱいタイプ編

たくあん

発酵食品である漬物はとても重要な食材です。さまざまな微量ミネラルを含むほか、消化力や免疫力を高め、血をキレイにしてくれます。世界中どんな民族でも食事の中に発酵食品を加えています。有名なものでヨーグルト。中には動物のおなかに食材を埋め込んで発酵させる民族も。しかし日本人は、味噌や漬物など何百種類もの発酵食品を植物性の材料で作ってきました。発酵食品・漬物もいくつかのバリエーションが必要で、平たく分けると、しょっぱいタイプ（陽性）と酸味や甘みを感じるタイプ（陰性）があります。まずは前者の代表格たくあんを紹介しましょう。

余分なものを省き丁寧に作られたたくあんは、すがすがしい黄色をしています。このたくあんも、米ぬか、食塩、とうがらしのみで作られていて、しょっぱさの中にやさしい甘みもあります。でもよく見かけるたくあんって、ほとんど真っ黄色に着色されていませんか？「天然着色料」と安心を誘うように書いてあったりしますが、たいていクチナシ色素などが入っていたり、砂糖や酸味料、酸化防止剤、ソルビン酸など添加物の宝庫です。

ごはんとパクパク食べてもおいしいけど、手巻き寿司に入れたり、みじん切りにしてサラダやパスタに加えてみてください。うちで一番人気のレシピは、なんと玄米のり巻きの具にピーナッツバターと蒸し野菜を一緒に入れるんです。組み合わせだけを聞いた人は仰天しますけど、食べるとまたびっくり。みんなピーナッツバターとたくあんを買いに行きます。

「海の精　天日干したくあん」海の精株式会社

べったら漬け

シンプルな材料で作られた漬物は必須食材　～酸味と甘みタイプ編

発酵食品・漬物は、しょっぱいタイプと酸味や甘みを感じるタイプを使い分けるのが理想的です。後者は塩気が少なくリラックス作用もあります。では、その一番のおすすめである大人気のべったら漬けを紹介します。もとはたくあんと同じ大根ですが、漬け方が変わると味もこんなに変わるんですね。

このべったら漬けはよく売られているものと違い、砂糖に漬け込まず、塩を加えた玄米甘酒に漬けてあります。「甘ったるそう～」と敬遠しそうな皆様！　これは絶対に食べてみないとソンソン！　洗って薄くスライスし、青しそと重ねて食べてみてください。さわやか～な酸味と甘みが口いっぱいに広がります。心地いい歯応えがリラックス効果を生みます。玄米のり巻きだって、べったら漬けとしそ、歯応えのために炒ったごまやえごまがあればそれだけでごちそうです！　真夏にほっかほかの玄米が食べにくいときにもぴったり。他には、みじん切りにして、ヒヨコマメの煮物と混ぜる、炒めたパスタに混ぜる、ぜんざいにも隠し味でちょっと入れちゃったりして。ご家庭でも、甘酒に1割弱の塩を入れて、いろいろな野菜を漬けて作ることができます。でもまず、味の基準として是非、買って食べてみてください。

「べったら漬」（冬季限定品） オーサワジャパン株式会社

ザワークラウト

ほどよい酸っぱさがアクセント。料理にさっぱり感が欲しいときに

べったら漬けに続いて、しょっぱさより酸味や甘みを感じさせる漬物のグループです。要はキャベツの酢漬け。ドイツの漬物です。このザワークラウトはとてもさわやかな酸味があります。酸っぱさがきつくなくて、そのままでもぱくぱく食べられますよ。特に女性に好評。日本のキャベツでも作れるはずですが、キャベツの種類が違うのかこういう風味にはなりにくいようです。自家製があればベストでしょうが、難しいので、まずは質のいいものを買うことから始めてみましょう。

酸味は五味の一つで重要です。特に、ここ数十年で急速に動物性食品の割合が増えた現代人には。なぜなら、肝臓は動物性脂肪がたまりやすいところなのですが、東洋医学やマクロビオティックでは、酸味は肝臓を強めるとされているからです。酸っぱいものが好きな人は、たいてい動物性脂肪の摂りすぎです。妊娠すると酸っぱいものが欲しくなると言いますよね。実は、マクロビオティックをやっていると、つわりってありません。肉や卵、チーズまたは砂糖などをたくさん食べていると起きやすい。だからつわりがひどい女性にもとてもいいし、すっきりしますよ。それにこの酸味、“甘いもの欲しい病”を和らげてくれます。酸味は他で摂ってもいいのですが、柑橘類は肺や気管支など呼吸器が弱っている人にはすすめられないんです。果物は補助的で、毎日たくさん食べるものではないですし。そんなとき、ザワークラウトやその漬け汁が便利。サラダにも、テンペや厚揚げなどの炒め物に混ぜてもおいしいです。味が濃くなりすぎちゃった、というときに加えるとさっぱりします。

「シュバイツァー・ザワークラウト」（キャベツの酢づけ）株式会社おもちゃ箱

紅しょうが・高菜漬け

男性受けがイイお助け食材。料理に味と香りのアクセントを

紅しょうがは梅酢に漬け込んだしょうがで、胃腸の殺菌作用があります。紹介のものはカットしてあるのですぐに使えます。本当は自分で作るにこしたことはありません。ではなぜ紹介したかと言うと、便利だからです。そしてこの紅しょうがはダントツで味がいい！　マクロビオティックを始めると、皆さんご家族に喜んでもらうのに苦労なさいます。女性は野菜の甘みで結構満足するけれど、男性はそれだけでは難しく、ただ味を濃くするだけだとワンパターンに陥りやすい。男性には薬味を使うのがコツです。あと、食感に変化を付ける。その意味で、野菜だけの油炒め、野菜ぎょうざやパスタでも、こういう紅しょうがが混ざっていると満足感を得やすいんですね。おまけに最初から切ってあると、ひと手間が省けて本当に助かるんです。色もアクセントになります。

同じ理由で高菜漬け。材料は有機高菜ですが、タピオカからとった酸味料が入っています。植物性であっても、本音はやっぱりちょっと気にはなります。でも普通の添加物たっぷりのそれより、またチャーシューラーメン食べたい～となるより余程いいです。紅しょうがみたいに使ってもいいし、刻んで玄米ごはんの残りとごまも一緒に炒めると、男性が喜ぶチャーハンになります。

マクロビオティックは、理想の食べ方を知ると同時に、それに向かってできることからちょっとずつ“マシ”を積み重ねていくことがコツです。是非ご活用ください。

左：「有機・きざみたかな漬」ムソー株式会社
右：「美味食彩・しそ漬しょうが」ムソー株式会社

黒ごま塩・わかめふりかけ

ごはんがすすむ！　しょっぱいタイプのふりかけたち

ふりかけ類は、食事に変化やバリエーションを簡単に付けられますし、家族一人ひとりの好みによって、味の濃さを調整できて便利です。何種類かの瓶や器に入れて並べると、色もカラフルで楽しいです。「陽性」なややしょっぱいタイプと、「陰性」なやや酸味のあるタイプの両方があると理想的。ここでは陽性のものを紹介します。

ふりかけの代表格「ごま塩」。腸が緩みがちで便秘気味、おならが出やすい、肺や気管が緩んでいたり余計なものがたまっていて咳が出やすい人におすすめです。酸化しやすいすりごまの周りに、塩の粉末をまぶすことで日持ちをよくします。本当は自分で作れるとおいしいし、塩分の調整もでき、日持ちもいいのですが、初心者は購入してもいいでしょう。選ぶときは、うんと塩気のきついものにしないでください。紹介しているものは割と塩分が控えめです。塩気の必要量は個人差があるので、しつこいですが、自分で調整して作るのが目標！　それも天日干し塩で！　白ごまで作るとやさしい食感になります。黒ごま塩の味がキツイな、と感じるときに。

同じくやや「陽性」で塩分がしっかりのタイプ「わかめふりかけ」。ごはんと混ぜるとしょっぱいどころか甘いと感じるかも。食べすぎ注意の「激ウマ」ふりかけです。味の濃い鳴門わかめを焼くことでさらに濃縮。しかも珍しい天日干しの自然海塩と白ごまをミックス。単純な組み合わせのようだけど、うまみのカタマリかも。しかし、どちらも必要以上に食べすぎてミネラル過多にならないでくださいね。

上：「若布ふりかけ」株式会社チャヤマクロビオティックス
下：「黒ごま塩」株式会社チャヤマクロビオティックス

鉄火味噌

根菜のうまみがぎっしり詰まったふりかけ

ごぼう、にんじん、やまいもなどの根菜、マクロビオティックで言う「陽性」の強い野菜たちばかりを小さく小さく切って味噌で長時間炒って煮たものです。陽性の野菜というのは、例えばナトリウムが多い素材。陰性が強いものは逆にカリウムが多い。陰陽のバランスを取ると言いますが、これは体液の基本であるナトリウムとカリウムのバランスを取るということにもなります。この鉄火味噌のように、長時間火に当てれば当てるほど「陽性」化して、体にもナトリウムの割合が増えるとか、細胞が引き締まるなどの影響を与えるのです。素材と調理法、どっちも陽性パワーみなぎるエネルギッシュなふりかけです。自分で作ることもできますが、ちょっと大変なので市販品に頼ってもいいと思います。

メーカーさんによって結構味に違いが出て、今回紹介するものは、しょっぱさよりもうまみとコクがあって、ほかほかの玄米ごはんにかけると濃厚なうまみがたっぷり。寒い季節に、便秘・下痢気味な人、朝起きられない人、ちょっとしたことですぐ涙ぐむ人、人付き合いが怖くて遠慮がちな人、生理痛がひどい人、砂糖やチョコレート、アイスクリームやヨーグルト、果物が大好きだった人に特におすすめです。貧血気味の人にもすすめられますが、顔が黄色くてヤセている貧血気味な人には逆効果。青白くてぽっちゃりしている貧血気味な人におすすめです。

「てっかみそ」(食養鉄華味噌) ダイヤモンド食品工業株式会社

青のり・ゆかり

香りもごちそう。無添加だからハマル本物のふりかけ

続いて、酸味のあるさわやかなタイプのふりかけをご紹介します。

青のり>>>袋を開けた瞬間、鮮やかな緑から青い香りがぱ〜っと広がります。香料の香りではありません。本物の青のりの香りです。日本一美しい川として有名な四万十川で採取した青のりをきちんと天日干し。着色料やアミノ酸も入れない。是非この香りをお試しください。とってもさわやかです。「今まで青のりと思っていたものはなんだったんだ？」とびっくりすることでしょう。私はゆかりと一緒にふりかけるのが好きです。うどんや豆腐ステーキなどにもどうぞ。また保存の際、容器はしっかりと密閉して冷暗所で。すぐに色と香りが落ちてしまいます。それと……。お好み焼きなんかでたっぷり青のりを使うと、すぐ歯に付いてしまいますよね？　この青のり、歯に付かないんです！

ゆかり>>>もちろん合成着色料、酸味料、アミノ酸他添加物ナシです。赤しそと塩と梅酢だけ。これを炊き立てごはんにぱらぱら〜っとふってみてください。その赤紫の鮮やかで目を引くこと！　まさに「しそもみじ」。そして、その香りのおいしそうなこと。う〜ん、やっぱり香りも「食べ物」です。このぜいたくさ、手放せません。口に含むとしっとりとして、さわやかでちょっと甘酸っぱい繊細なしょっぱさです。シンプルな材料なのに、なんというか、味に深み？　層がある感じです。

左：「青のり」有限会社ケンコウ
右：「しそもみじ」株式会社創健社

こんにゃく

しこしこ歯応えがおいしい腸の掃除屋さん

このこんにゃく、見るからにぷりぷりしています。食べると、しこしこむにゅっという弾力感。何が違うのかと言いますと、こちらのこんにゃくは、こんにゃく芋そのものから作られています。比べてほとんどのこんにゃくは、こんにゃく芋を製粉した粉が原材料で、たいてい水酸化カルシウムという凝固剤などが加えられています。この違いが味と食感に大きな差を生むんですね。

こんにゃくは食物繊維が多く、腸にたまっているものを排出する力を持っています。しかし、製粉したこんにゃくではその力が落ちてしまいますし、カロリーゼロだと言っても水太りしやすくなるんです。歯応えも物足りなくなってしまいます。こんにゃくは味がないと思っていたら、是非試してみてください。このぷりぷり感は、昔ながらの製法と厳選された素材ならでは。きっとびっくりしますよ！

こんにゃくは水分が非常に多いので、下処理して使います。方法はいくつかあります。塩もみしてしばらく置いておき、塩分と出てきた水分を洗い流してから使う。または、少しの塩とさっと湯がいてから使う。他には、塩もみした後、麺棒などで叩いて延ばして使う、など。何種類か組み合わせることもあります。炒めてひじきと煮ると整腸作用の強いメニューになりますが、八宝菜やシチュー、カレー、なんにでも入れてみてください。歯応えが思いがけないアクセントになるし、揚げるとお肉みたいな食感になります。

「生芋こんにゃく」高田食品

こうふう

煮たり焼いたりお肉の代わり。たんぱく質の塊

「一体何これ？」と初めて見た人はたいていびっくりされます。小麦たんぱくの塊。植物性たんぱく質100%です。あえて言うなら生麩みたいなものでしょうか。しょうゆやだし汁などを合わせた調味液の中で少々煮込んであります。自分で作ることもできますが、初心者はまず市販品から試してみるのが便利。「セイタン」という名で同様の商品が売られていることもありますが、こちらのメーカーさんのものは、柔らかく味もクセがなく、使いやすいと思います。

見た目の通り、お肉代わりに使います。簡単な使い方としては、まずスライスして野菜とソテーすること。玉ねぎなどと炒めた後、シチューのように煮込んでもいいし、ストロガノフのビーフ代わりにもします。お肉より臭くないし、べたつかないし、火も通りやすくて扱いも楽。焼いてからサンドイッチとかバーベキュー風にもできます。ミキサーでミンチにすると（ミンチタイプの商品も売っています）ぎょうざや麻婆豆腐のひき肉代わりなどいろいろ使えます。麩よりは消化しにくいので、個人差があると思いますが、子どもさんには2歳過ぎくらいからが目安でしょうか。また胃腸が弱っているときは食べすぎないほうがいいです（肉はもっと消化が大変ですが……）。反対に育ち盛りの10代のお子さんや運動量の多い人はやや頻繁に使って大丈夫です。

「生こうふう」有限会社長生堂

とうもろこしの缶詰

料理をパワーアップしてくれる肉厚と甘み

マクロビオティックでは、できるだけ季節感のある食卓にしたいので、あまり缶詰やレトルトパックを使いません。でも、急に完璧を目指すのは難しいですよね。理想は高く持っても、臨機応変に少しずつステップアップしていきましょう。まずは料理することから始めなくっちゃ、という人も多いのですから。それに、毎日のごはんや主なおかずが手作りなら、その中に少々缶詰ものが入っていても大丈夫。

さて、数ある缶詰の中で私のイチオシはとうもろこしです。別に珍しくないじゃん、と思われた人もいるかもしれません。違うんです。この肉厚な歯応えと甘み。もちろん砂糖抜きです。砂糖なんてむしろ邪魔なくらいの国産とうもろこしのおいしさです。これを加えるだけで、ひじきの煮物やチャーハン、豆腐炒めも、おかゆやスープもリッチで甘みのある一品に変身です。スコーンやお焼きに混ぜておやつにもおすすめ。また、料理が薄味で物足りないとき、しょうゆや塩を増やして濃くしたくないときにも是非。とうもろこしは甘みが強くてリラックス作用、便通をよくする作用もあるんですよ。本当は旬のとうもろこしが一番ですが、缶詰の便利さは忙しいときにありがたいですね。

「とうもろこし・ドライパック」ムソー株式会社

ぎょうざ・大豆たんぱく

忙しいときやマクロビオティックへの移行期に大助かり！

こちらは理論上で言うと、特に食べなければいけないものではないです。でもあると便利！　マクロビオティックはできることから無理なく取り入れていくほうが続くと思います。

ぎょうざは、肉を使わずこうふう（セイタン）を使っています。本当は自分で作るのが一番いいし、冷凍食品ってあまり食べすぎたくないものなんです。でも、今の食生活って冷凍ものがいっぱいですよね。それがヘルシーなベジタブルのメニューに変わっただけでも大進歩だし、やっぱり冷凍庫にあるといざというとき大助かりです。普通にフライパンで蒸し焼きに。私はよく梅酢じょうゆにマスタードを混ぜていただきます。

大豆たんぱくは、味付けしただし汁（しょうゆ、しょうが汁、みりん、レモン汁など好みで）に漬けて戻します。少し煮込んで水気を絞り、衣を付けて揚げると……。なんと、とりのから揚げにそっくりな食感と味になるんです。味の濃いものが好きなご主人や彼への強い味方になってくれます。揚げ立てに塩をふってもおいしいですが、酢豚のようにとろみを付けて煮なおしてもパンチのある一品に。スライスしてサンドイッチの具にも。マスタード味噌ソースとか、甘くした味噌にねぎのみじん切りをたっぷり加えたソースなども合います。夫は大のとりのから揚げ好きでしたが、これのおかげでストレスなくマクロビオティックに移行できました。

上：「大豆からあげ」(大豆加工品) 株式会社寿草JT
下：「セイタンぎょうざ」株式会社正直村

味付けもの

Seasoning

選び方一つで体調が変わってしまう塩から、元「砂糖大ファン」でも大満足の甘味料、食感を手軽に変えてくれるものたちを集めてみました。

塩

いい塩を使って料理すると楽しくなりますよ。なぜって、同じ材料を使っているのにすっごくおいしくなるから！「私って料理上手？」という気分を味わえます。それに、いい塩ならちょっとの量で素材の甘みを十分に引き立ててくれます。減塩調味料を買うより、塩の種類を変えるほうがずっと重要です。塩分量の調整が適切にできるようになったら相当の腕前！　でもその前に、塩の質をチェック！　塩がよくないと、それだけで体調に悪影響を及ぼします。高血圧になったり、イライラしやすかったり、過食、虫歯の原因にも。味の濃いものや刺激物が欲しくなるし、砂糖や果物もたくさん欲しくなってしまう。塩を変えただけで顔色が変わることもあります。塩は腎臓にダイレクトに影響を与えるのですが、好ましくない塩だと体の不要物をろ過して排出させる腎臓がおかしくなってしまうため、老廃物が排出されず、血液に戻って体内を巡ってしまいます。それで顔色が悪くなったりむくんだりします。ただし、いい塩でも小さい子どもさんは摂りすぎには注意してください。

日本人にとっていい塩を選ぶ基準は、まず北半球の海で採れた塩であること。それから、カルシウムも多く含まれている天日干しのほうがいいです。「自然塩」のようなもののほとんどは釜炊きです。特に、辛みがきついものはよくありません。いい塩とはほのかに甘みがある塩です。避けたいのは焼き塩、にがりが多すぎる塩（少なすぎてもよくありません）。人工的に作られた食卓塩はダメですよ。また、ずっと同じ塩を使うのではなく時々変えてください。

「奥能登天然塩」株式会社チャヤマクロビオティックス

しょうゆ

長期熟成がひとつの目安。いいモノ選びの第一歩

基本のしょうゆ選びももちろん、化学調味料無添加。最近のものは酸味料など結構いろいろ入っています。それと、できるだけ国産の小麦や丸大豆、いい塩や水が原料であること。「丸大豆」と表示がなければ大体脱脂大豆という大豆フレークからできています。そして、最低1年、できれば2～3年寝かされたものであること。樽や寝かされている蔵の生きた醸造菌によって豊かな風味が作り上げられていきます。しょうゆを使わないおうちはないですよね？　それだけ日本人が毎日摂るもの。積み重ねが大きな差になります。また、減塩しょうゆに人気がありますが、肉や卵をたくさん食べていれば高血圧になってしまいますし、過剰な減塩はむしろ体力を弱らせます。大切なのは食事全体における塩分量と、いい調味料を適切に使うことではないでしょうか。

使うときは調理中、つまりちょっと加熱するのを基本にしてください。食卓でドバドバかけすぎると喉が渇いてお酒や果物、砂糖の入った菓子類が欲しくなります。それにしても丸中さんのしょうゆは実に香りがいい。食欲をそそるにおい。チャーハンや炒め物など特にそう感じます。味がとげとげしていなくて、煮物はまろやかに仕上がるし、残った野菜をスライスして半日くらい漬けておくだけでおいしいピクルスみたいに。それを茹でたパスタと炒めてのりやごまでもふれば立派に一食できあがり！　しょうゆに凝ると楽しいですよ。小麦が入っていない、大豆だけでできた有機たまりじょうゆもとてもうまみがあって、料理好きには使い分けてほしいです。

「丸中醤油　三年熟成白ラベル」（こいくちしょうゆ　本醸造）丸中醤油株式会社

麦味噌

絶対手元においてほしい。味噌汁を作るときの基本

マクロビオティックはできなくても、毎日一杯の植物性だしの味噌汁は飲んでください。病気が遠ざかります。逆に「玄米菜食」の人でもみそ汁を飲まないと体は弱ります。酸化した血液をきれいにして、免疫力を高めてくれるんです。また、体を温めリラックスさせる効果も。ポイントは味噌を溶いて使うことと、とろ火で数十秒煮ること。まろやかさが増して味噌の使いすぎを防げます。

さてその味噌汁、まずは麦味噌が基本。麦味噌といっても大豆製品、麹が麦なだけです。伝統的に食されてきた味噌ですが、実に味が千差万別。もちろん化学調味料など無添加のものにします。かつおだしや砂糖も抜き。できるだけ有機丸大豆と麦から作られ、最低でも1年、できれば2〜3年寝かされたものを選びます。麦味噌は長期熟成で甘みを出すのが難しいようなので、2週間とか長くても3カ月熟成のものが多く売られていますが、味は落ちるし、長期熟成でないと働きも弱いのです。

味噌汁以外でも味噌は働きものなんです。カレーや炒め物の隠し味だけでなく、焼きりんごなどのお菓子にも使えるんですよ。体にもいいし、味に深みが出ます。それから他のものと組み合わせます。特にレモン汁や梅酢など酸味と合う気がします。他にも、ピーナッツペーストやみりんと混ぜて甘いソース、味噌をいくつか合わせてマスタードや刻みねぎ、白ごまを加えたり。これらを豆腐や厚揚げ、野菜に塗るかサンドにして焼いたり揚げたりします。また、ドレッシングのように延ばして温野菜サラダにかけたり、揚げ物やパスタと和えることも。

「立科麦みそ」オーサワジャパン株式会社

豆味噌

特に寒い季節におすすめ。体を温めてくれる

麦味噌に続いて、あると理想的なのが豆味噌です。こちらは豆麹の味噌で、穀物麹ではありません。穀物麹の味噌より独特のコクと渋みがあるので、味噌汁を作るときは豆味噌単品ではなく、麦味噌に混ぜて使うのが基本です。もちろん時には豆味噌だけでもいいですが、毎日それではちょっと味がきついです。陰陽で言うと、麦味噌よりずっと「陽性」で体を温める効果が強いので、寒い季節、寒い地域、男性は豆味噌の登場回数を増やします。選ぶときは麦味噌のときと同じように、化学調味料無添加で、丸大豆から作られた長期熟成のものにしましょう。

麦味噌のように調味料としてもよく使いますが、私は比較的甘みのあるものと混ぜることが多いかも。ピーナッツバターとかたっぷりの白ごま、みりんなどとよく混ぜて、蒸し物、炒め物、焼き物などに使います。やや陰性が強い素材、例えばさつまいもや里いも、えのき、しめじ、なめこなどとよく合います。また、陰性の強すぎる食品の中和もできます。例えばトマトやナス、ジャガイモ、ほうれん草、アスパラガス、ピーマン、カレー、キウイやパパイヤ、バナナなどの熱帯果物。これらを食べるときは、豆味噌＋麦味噌を隠し味にして、煮たり焼いたりします。また、ココアも大変陰性が強いものなのですが、マクロビオティックへの移行期にココアを使ったお菓子を作るときは、必ず少量の豆味噌を混ぜていました。そうすることで味も引き立つんですよ。

「立科豆みそ」オーサワジャパン株式会社

白味噌

独特な甘みは調味料としても使える万能もの

「味噌」と呼ばれ、こちらも大豆や塩が主原料なのですが、作り方が随分違います。短期熟成で、麹の割合がうんと高くなります。味噌汁にしても美味しいですが、強い抗酸化作用などを期待して、毎日の味噌汁に使って欲しいのは麦味噌などです。

ではなぜ紹介するかと言うと、調味料として大活躍するんです。砂糖のように単純な甘さではなく、穏やかでやさしい甘みは他のものではなかなか出せません。例えば、すり潰した梅干しや梅酢と一緒にすり鉢で延ばして水で薄め、炒りごまを混ぜてドレッシングに。さらにごまペーストやしょうゆを混ぜると、もっと重層でさわやかな味になります。冷製パスタや茹で野菜との相性も抜群です。また、他の味噌と合わせると味噌のきつさがマイルドになります。それを溶いて煮物にかけたり。玉ねぎやかぼちゃともよく合います。豆乳で作るとろっとしたホワイトソースやシチューにも欠かせません。一気にコクとうまみが増します。白味噌だけをたっぷりつかった和風シチューも、セロリやブロッコリー、人参などととても相性が良くおすすめ。また、この甘みをデザートに生かさない手はなく、おまんじゅうや蒸し菓子作りのとき、あんや衣の中に少し加えます。パウンドケーキ（もちろん卵・砂糖・乳製品抜き）のような洋菓子にも加えてみてください。いい意味で、複雑で繊細な味になります。

調味料は塩気の強いものが多いですよね。味を濃くしたいけどしょうゆや味噌を増やしたくない、塩気がきついなというとき、白味噌を試してみてください。なんにでも合うから無数のバリエーションが生まれると思います。

「国産・白みそ」ムソー株式会社

梅酢・玄米酢

清涼感とリラックス効果あり。ほどよい酸味を選んで

酸味って料理に不可欠なものですよね。後味をすきっとさわやかにさせてくれますし、上手に使えば甘いものへのクレービング（欲しくて欲しくて我慢できないこと）を控えさせてくれます。しかしマクロビオティックでは、白米の精製酢やりんご酢などをほとんど使いません。代わりに梅酢を使います。梅干しの漬け汁のことで、酸味が苦手な人にも好評です。もともと「酢」とは梅酢を指し、それが江戸くらいから徐々に醸造酢に変わっていったとのこと。中でも、赤梅酢が本命になります。塩気を含んださわやかな酸味と美しい赤色が特徴です。野菜を茹でて数十分漬けただけでもおいしいですが、玄米甘酒に加えて薄めてドレッシングにしたり、しょうゆと合わせたり、白味噌＆ごまペーストと合わせるのも好きです。豆の煮物やパスタを炒めるときの隠し味にもよく使います。

もう少し強い酸味が欲しいなというときは、ゆずやみかんの絞り汁、ザワークラウトなどに加え、好みで醸造酢も使います。ただ、白米の酢ではなく、玄米酢やいわゆる「黒酢」と呼ばれる黒米酢を用います。白米の酢と違って１～３年自然発酵されていますので、風味がまろやかで酸味もきつすぎません。酢はあまり摂りすぎると血液を薄めてしまいます。動物性食品や塩分の多い人はある程度の量を使ってもいいのですが、砂糖や果物、生野菜の摂取が多くて朝起きられないような人は、さらに頻度を落としてください。

左：「無農薬玄米酢」（古式天然醸造酢） 株式会社チャヤマクロビオティックス
右：「海の精　紅玉梅酢」 海の精株式会社

みりん

使いすぎは禁物。でも砂糖よりマイルド。さらに1本で2度おいしい！

江戸時代の女性は、みりんをお酒代わりとして飲んでいたそうです。いいみりんは実においしいですよね。香りもリキュールみたい！　でもマクロビオティックでは、通常あまり使いません。よく言えばリラックス効果があるのですが、毎日大量に使っているとお酒みたいに微妙に体組織が緩んでいくんです。お酒を飲みすぎるといびきをかきますが、鼻腔が緩んで鼻水の原因にもなります。ですから、普段はみりんに頼らず素材の甘みをおいしく引き出す料理を覚えて、特別なときに上手に使いこなしましょう。魚料理や肉料理にはお酒やみりんが必要でも、野菜など植物性だけの料理にはあまり必要ありません。でも、もし煮物にいつも砂糖を大量に入れていたのなら、少しのみりんに変えるだけでずっといいと思います。徐々に味覚を敏感にしていきましょう。

さて、紹介するみりんは、料理酒の役割も果たしてくれる便利ものです。糖化させただけのみりんが多いのですが、これはその後お酒のように発酵もさせているのです。ですから、これ１本でみりんとしても、料理酒の代わりとしても使えるのです。味もまろやかでおいしいですよ。我が家でこれを使うのは、まず麺つゆを作るとき。あとは味噌と合わせて野菜に塗って焼いたり、来客があって煮物をとても甘くしたいときにも使います。暑くなってくるとみりんと梅酢、しょうゆ少々を合わせて軽く火を通して、蒸し野菜やきゅうり、煮豆なんかをマリネすることもあります。果実を煮てデザートを作るときや焼き菓子作りにも。いろいろ楽しんでみてください。

「味の母」（醗酵調味料）味の一醸造株式会社

ごま油

よく使うものだから、製法にまでこだわりたい

ツヤツヤしてとても香りのよいごま油たちです。たいてい油は、薬品や溶剤を使って油分を溶かし出し、成分調整にも多くの薬品を使います。マクロビオティックではこういった製法の油はすすめません。手間はかかりますが、圧搾製法とか玉締め製法と呼ばれる、原材料を「丸ごと」絞って作られた油にします。

マクロビオティックに慣れてきたら、黒ごまが原料の油と白ごまのものとを使い分けるといいと思うのですが、最初は入手しやすく使いまわしの利きやすい白ごま油が便利。写真の「香宝」は、文字通りごまの香りがとてもいいので、風味を付けたいときに向いています。「カホクの白ごま油」はクセがなく、ごま油とは思えないほどの軽さ。焼き菓子作りで、卵や乳製品のつなぎの代わりにある程度の植物油を入れますが、このごま油がおすすめ。お菓子によく使う紅花油よりずっとおいしい。揚げ物をする場合は、これらだけだとちょっとお財布が気になりますし、菜種油と混ぜて使うと色合いも仕上がりのバランスもいいですよ。ただし、油は生では用いないでください。例えば、ドレッシングは生の油たっぷり。とても消化が悪くて体を冷やすんです。ドレッシングに入れるときも油は一度加熱して冷ましてから作ります。加熱すると傷みやすくなりますから、できるだけ早く使いきりましょう。生でなく、加熱の過程で使う油料理は、適量であれば体を温める効果やリラックス作用を持ちます。また、運動量の多い人や青年期には揚げ物や油炒めの料理を増やしますが、そうでない場合は、使いすぎると体に蓄積します。

左：「古式玉締胡麻油　香宝（ビン）」オーサワジャパン株式会社
右：「有機栽培白ごま油中国産」有限会社鹿北製油

菜種油

製法だけでなく、原産国にも注意したい

日本でマクロビオティックを実践する際に、もう一つ持っていると便利な油が菜種油です。ごま油と半々にして、揚げ物などによく使います。また、残り油はこして炒め物などに使うと、揚げ物の風味も付いているし、使い切れて便利です。塩分と並んで使用量を適切に調整できるようになりたいのが油分。男女差、年齢差、運動量、気候にもよりますが、現代人はたいてい油の使いすぎです。

さて、安価に出回っている菜種油は、特に製造段階でリン酸や苛性ソーダなど、たくさんの薬品を使っています。菜種油は独特のにおいが強いので、脱臭や脱色のプロセスで何度も用います。たとえ「一番絞り」などと書いてあっても、それは菜種を丸ごと絞る「圧搾製法」のことではありませんのでご注意ください。またマクロビオティックでは、日本に住んでいる場合、原材料は北半球産のものにします。南半球のオーストラリア産などのものは、南半球で暮らす人が使います。さらに、菜種油は日光に反応しやすいので、透明なガラス瓶入りのものはおすすめできません。色の付いたガラスが理想的ですが、日光を遮るものにしましょう。

油にはいろいろな種類がありますが、菜種油は特に、商品によってそのにおいと口あたりの重さに差が激しいです。紹介したのは、原材料や製法などに問題がないものの中でも、軽くてにおいもきつすぎません。でも、まだまだ探しています。薬品を使っていないきれいな油は、ハンドクリームとして手に塗ったり、髪に付けてもいいんですよ。木製家具を磨くとぴかぴかになります。

「オーサワなたね油（缶）」（食用なたね油）　オーサワジャパン株式会社

マスタード

和洋中なんにでも使える。男性が好む辛み付けに

有機マスタードに有機りんご酢、塩を加えた粒々がかわいいマスタードです。甘酸っぱい酸味とまろやかさがとてもおいしい。ぎょうざや納豆、なんでも和洋中問わずに使っています。おすすめは豆乳やかぶ、カリフラワーを使ったホワイトソースに隠し味として加えること。ぐんと味に深みが出ます。味噌類ともベストマッチ。いろんなものと合わせて新しいハーモニーを見つけてみてください。たとえご主人がウインナーを食べようとしていても、着色料たっぷりのマスタードを付けるよりもずっと「マシ」だと思って、ニコニコしながら出してあげましょう。なお、こちらは輸入品ですが、北半球のフランス産なので添え物として少々使うには問題ありません。

マクロビオティックを実践していく上で障害になるのが、パートナーを巻き込むことだったりします。女性は砂糖や乳製品からフリーになるのに苦労することが多いようですが、普段の食事は野菜の甘みがあれば割と満足できる。ところが男性はひと筋縄ではいきません。ごはんやおかずに対して食への嗜好がはっきりしていて、女性よりも食習慣・生活習慣を変えることに抵抗が強い。そこでお役立ちなのが辛み。男性は辛み好きが多いですね。最も理想的な辛みは野菜のそれです。大根おろしやねぎ、玉ねぎなどをふんだんに使ってみてください。単にしょうゆで味を濃くするよりも喜ばれることが多いです。続いてよいのがしょうが。もっと強いものが欲しいときに、わさびやマスタードを。本当は和からしの添加物なしがあるといいのですが……。

「Evernat　オーガニック粒マスタード」株式会社ミトク

玄米甘酒

スイーツ好きに特におすすめ。これさえあれば砂糖なんていらない

砂糖を使わないマクロビオティック。その代わりに最もおすすめする甘味料です。よく売られている甘酒は、白米からできていて砂糖が入っていますが、この甘酒は玄米が主原料でノンシュガー。だから味がきつくありません。それでも甘酒が苦手な成人は、肝臓やすい臓の調子が悪いことがほとんどです。甘酒が苦手な人は、薄めて使ったり、熱いままでなく冷やしてから食べたり、酸味を加えることで大丈夫なはず。子どもさんは体調に関係なく嫌うこともあります。とにかく、甘酒ナシの生活は考えられない我が家です。

水で倍くらいに薄めてレモン汁&レモン皮のすりおろしと寒天で固めるだけでさわやかゼリーに。水で薄めて、潰したりみじん切りにしたいちごやレモン汁と煮て、葛で固めればフルーチェ風。すりおろしりんごやぶどうなどなんでも試してみてください。カットして凍らせた夏みかんなどとミキサーにかければスムージーみたいになります。夏は桃とレモン汁を加えて凍らせシャーベットにしました。きな粉を加えても○。上新粉や小麦粉、レーズン、麦焦がしなんかと合わせて蒸し菓子や焼き菓子にしてもOK。数時間経つとしっとり味がなじみます。

甘酒は料理にも大活躍。梅酢と薄めたドレッシングは色もピンクで春の人気者。しょうゆと合わせてすき焼き風ソースにもできますよ。欧米では薄めた甘酒にココアやアプリコットでフレーバーを付けて売っています。日本のコンビニにも置いてほしいものです。

「玄米甘酒」オーサワジャパン株式会社

米飴・玄米水飴

砂糖では出せない穀物の甘み

おかゆに麦芽を加えて糖化させ、それをこして煮詰めて作られます。ですからこちらも砂糖は一切ナシで、原料は穀物のみ。紹介する２種の違いは、原料が玄米なのか白米なのかということ。玄米水飴のほうが独特のコクと酸味があり、色が濃いです。白米からできている米飴は色が付きにくく、酸味はないですね。どっちがおいしいかはその人の好みによります。

私は最初、穀物飴を食べたとき「全然甘くないんだなぁ」と思いました。ところが今や「甘くって、とてもそのままでは食べられない」と感じます。そして、砂糖と違うまろやかさが大好きです。味覚って変わるものなんですね。皆さんも無理なく使いこなしてみてください。一番簡単なのは、パンに蜂蜜代わりに塗ったり、お茶に砂糖代わりに入れてみることです。我が家ではよく、ピーナッツバターと一緒にぽんせんに塗ります。私はレモン汁を加えて溶いたものが好きで、よくもちやパンケーキワッフルにかけます。あんこ作りにも欠かせません。おかず作りでは、煮物やつゆを甘くしたり、豆をマリネするときや玄米サラダを作るときに梅酢などと合わせて甘酸っぱくすることが多いです。大体このくらいの甘みを入れるといいかなと分かってきたら、お菓子作りのとき、砂糖代わりに使ってみてください。砂糖のように軽く膨らませる効果はありませんが、穏やかでまろやかな甘みに。ものによっては硬いので、その場合には湯せんに10秒くらい漬けるとすぐ柔らかくなります。紹介したものは柔らかくて使いやすいタイプです。

左：「米飴」株式会社チャヤマクロビオティックス
右：「オーサワの玄米水飴」オーサワジャパン株式会社

てんさい糖・メープルシロップ

白砂糖からの移行期に。使いすぎは禁物！

白砂糖（さとうきび）や蜂蜜を使わないマクロビオティックですが、代わりとなる甘味料はいろいろあります。最終的には、普段の食事で有機野菜や穀物の穏やかな甘みをたっぷり摂って、米飴や甘酒などの穀物甘味料と少しのフルーツで十分、というのを目指します。徐々に味覚が変わりますから少しずつやっていきましょう。まず、白砂糖（さとうきび）はやめて、てんさい糖とメープルシロップを試してみてください。白砂糖は、体内のミネラルを排出させ、骨や歯をもろくして体を冷やしてしまいます。爪や皮膚、髪も傷み、便秘や生理痛、神経過敏や高所恐怖症の原因になることも。でも、てんさい大根が原材料のてんさい糖はミネラルを適度に含んでいて、体への影響もまだまろやか。黒砂糖ならいいんでしょと言う人もいますが、白砂糖よりはましですがやはり体への影響は出ます。最近は、白砂糖を染めただけの悪質なものもあるので要注意です。

このメープルシロップは、サトウカエデという樹の蜜からできています。やや高価ですが、香り豊かで「今まで食べていたメープルシロップはなんだったんだ！」と驚く人が多数。米飴より膨らませる力が強く柔らかいので、お菓子作りに扱いやすいと思います。あんこ作りにも使えますし、パンやスナック、パンケーキにかけたり塗ったりしても。艶が美しいです。米飴がヘビーすぎるときには混ぜて使っています。

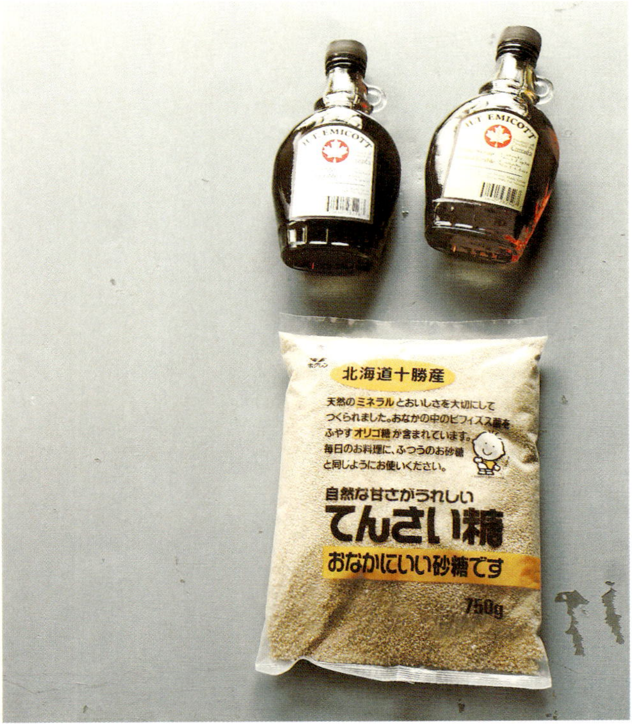

上：「H.T.エミコットメープルシロップ（右：No.1ライト、左：No.2アンバー）」有限会社楓商事
下：「てんさい糖」ホクレン農業協同組合連合会

寒天

おかずに、ごはんに、デザートにも。万能な凝固剤

天草という海藻から作られます。ゼラチンなど動物性凝固剤を使わないマクロビオティックには欠かせません。塩分やせんべい、パンを多く食べている人や高血圧の人にもおすすめです。棒寒天が一番いいのですが、数時間浸水させる必要があるので慣れないと難しいかも。フレーク寒天なら、数分漬けておいて煮出せば十分に溶けます。粒が煮溶けてからも数分火を入れないと、後で粒が戻るし、歯応えが硬くなります。パウダー状の寒天もありますが、製造過程で漂白されていることも多く、おすすめしません。

この寒天は、特に材料の香りが豊かに残り、少量でもしっかりと固まります。ゼリーを作りたいときは、葛と半々に使うと柔らかく仕上がります。玄米ごはんが重いときに、少し混ぜて炊くと軽い食感になります。蒸し野菜や茹でたそら豆なんかが残っているとき、スープと寒天で固め、ゼリー寄せみたいにスライスして出せば、涼しげな一品になります。米飴を入れるとさっぱりします。ポタージュやとうもろこしのシチューが残ったら寒天を入れ、煮て固めます。それを適当な大きさに切って、さっと茹でたキャベツの葉やぎょうざの皮で包んで煮たり焼いたりすると、クリームが中からとろ〜っと出て美味。また、一度がちがちに固まったものも、もう一度ミキサーにかけると艶のあるペーストになり、例えばお菓子を作るときにデコレーションしやすくなります。

「フレーク寒天」ムソー株式会社

とろ〜んとしたとろみが欲しいときに

葛《くず》

こちらも、とろみ付けや何かを固めたりするときに使います。マクロビオティックではゼラチン（牛の骨）だけでなく、片栗粉もほとんど使いません。片栗粉は現在、じゃがいもから作られていることが多いからです。ところが、「葛」として売られているものもまた、中身はじゃがいもでんぷんであるものがほとんどです。原材料表示をよく見て、「馬鈴薯」などと書かれていない、本当の葛になっているものを選びましょう。たいてい、本葛のほうがじゃがいもでんぷんのものより高価です。また、葛はお湯に溶けないので、必ず水溶きしてから使います。もし判別がつかない場合、お湯にさっと溶けたらそれは片栗粉かじゃがいもでんぷんです。

葛は整腸作用と体の熱を保持する効果があります。寒天のように硬い歯応えはなく、香りを保つ効果もありません。とろみが付く程度から、練っていくことで弾力のある塊にまで調整できます。簡単なのはりんごジュースの葛練りで、シンプルだけど大人も子どもも大好きです。その他甘酒や、またお菓子でなくてもスープやポタージュにとろみを付けたいときは是非。いつものメニューも舌触りが変わると満足度はアップ。ペンネにからめるソースもとろんとしているとよく合います。

代表的な薬膳に梅醤葛《うめしょうくず》というものがあります。梅干しとしょうが汁、しょうゆ２〜３滴の葛湯ですが、風邪の引き始めや慢性便秘にとても効果があります。

「本くず粉」株式会社ミトク

炒りごま

簡単に、食感にアクセント、香りとコクもプラスしてくれる

マクロビオティック、最初の頃はワンパターンになりそうで不安かもしれません。また、ご家族に「野菜はおいしいけれどそれだけでは物足りない」と言われることもあったりして。無理なく少しずつが合言葉ですが、食感を変えてみることって大切な工夫ですよ。特に男性は、食感を変えると満足することが多いようです。いつもの炒め物もチャーハンも、麺類だってごまが入ると急にコクが出て、食感が変わります。おひたしやきゅうりの千切りでもごまは名引き立て役。いつもの調味料、しょうゆや麦味噌、梅酢も、ごまを加えると新たな味になります。それから、デザートになるほとんどのナッツ類は、ごまに変えることで、うんと脂肪の摂取量を減らすことができます。また、焼き菓子の生地に混ぜ込んでもいいですね。

ただ注意点として、ごまは繊維がたっぷり、言い換えると皮の繊維がしっかりしているので、すって使わないと栄養分が皮に包まれたままになってしまいます。かといってすりごまを買ってくると、どんどん酸化して傷みやすい。やっぱりささっとミニすり鉢で自分ですりましょう。そのほうが断然香り豊かで、油の代わりにも使えます。本当は洗いごまを自分で炒っていただきたいのですが、初心者は炒りごまからでいいと思います。自分で炒りなおすと風味が増しますよ。手作りのごま塩も、さっと炒りなおしたごまからでもいいと思います。黒ごまは、よりミネラル分が多く、やや苦味のある風味がおいしい。白ごまはわずかに脂肪が多くて少し甘い、クリーミーな感じ。好みで使い分けるといいでしょう。

上：「国産釜いり白ごま」有限会社鹿北製油
下：「国産釜いり黒ごま」有限会社鹿北製油

えごま

しその風味と食感がごまとは違う魅力を発揮

味と食感にアクセントを付けてくれる種子類。でも、安易にナッツ類を使うと脂肪の摂りすぎになります。もちろん、動物性脂肪よりはいいのですが、植物性でも摂りすぎると腫瘍やアトピー、じんましんの原因になるので要注意です。ごまやえごまは油脂が少なくずっとヘルシー。

えごまはしその種で、ごまとは違うぱちぱちした食感が魅力。特に男性に好評です。ごまより炒りやすいので、初心者でも洗いえごまで大丈夫。炒ると傷みやすいので早く使い切ってください。炒め物やのり巻き、なんでもいけますが、特にしそと組み合わせてパスタに加えるのがお気に入り。夫もよく、ごはんに刻んだしそとえごまを混ぜています。パイ生地に折りこんでも楽しい！

栄養面では、アレルギー症状を抑えてくれるα-リノレン酸を含んでいます。マクロビオティックをやるとリノール酸過多になるという意見があります。すごく簡単にまとめると、リノール酸を摂りすぎるとコレステロールの蓄積やじんましん、アトピーなどの原因になります。それはマクロビオティックのせいではなく、例えば毎食油炒めや揚げ物を食べるといった食生活により、穀物や野菜、魚に対して、ごま油や菜種油、ナッツ類、肉類の摂取比率が多すぎて、α-リノレン酸とのバランスが崩れるからです。

えごま油もありますが、加熱すると成分が壊れやすく、かといって生油はすすめられません。やはり、えごまそのままの味と食感を楽しむほうがベターかなと思います。

「洗いえごま中国産（黒しその実）」有限会社鹿北製油

タヒニ・白ごまペースト

楽しく続けるための便利アイテム。ごま風味とクリーミーさがクセになる

どちらもごまのペーストです。「タヒニ」は輸入物で、白ごまペースト（「ごまそふと」）は国産です。味はタヒニのほうが少し薄くて、うっすら甘く酸味があります。

厳密に言えば、ペースト類は食べすぎるとよくありません。でも乳製品よりはるかにいいわ、と思ってストレスのない範囲にしてください。我が家も楽しくマクロビオティックを続けるために、これらのペースト類は欠かせません。また、パン食が多かった人は特にクリーミーなものに惹かれますが、玄米中心の食事を続けるうちにその欲求は減ってきます。

さて、このごまペースト。おかずにもデザートにも大活躍です。しょうゆと同量くらいずつ合わせて水で薄めたごまドレッシングは、野菜やパスタ、ごはんにもおいしい。このごまドレッシングに黒酢を加えたサワーテイストも大人気。味噌類がまた合うんですよね。たっぷり麦味噌と混ぜてディップみたいにしてもいいし、これに梅酢やごまそのものを加えてもバリエーションが広がります。白味噌&梅酢にねぎのみじん切りを加えるのもおすすめです。洋菓子作りではパイ生地やクッキー生地に加えるとさっくり感が増します。シンプルにごま風味クッキーにしてもいい。和菓子でも、塩としょうゆ、甘酒などと合わせてあんこの中に入れると、とろっとした変わり種が出てきて面白いですよ。

左：「有機タヒニ」（ごまバター） テングナチュラルフーズ
右：「ごまそふと（白）」（ねり胡麻） オーサワジャパン株式会社

おやつもの

Snack

おかずよりデザートに使うことが多いかな、というものを集合させました。甘味料と合わせて使ってほしい、濃厚な風味のアイテムたちです。

玄米ぽんせん

パン好きな人に大人気！　さくさく手軽なお米のお菓子

玄米からできているぽん菓子です。もちろん砂糖などは使っていません。一袋ずつ個別包装なので携帯にも便利。子どものおやつにもせんべいやクッキーよりずっとマイルドです。せんべいより塩気も少ないし、粉菓子より消化がいいです。そのままでもやさしい甘みがあっておいしいんですが、いろいろ塗ってみない手はありません！一番のおすすめは、ピーナッツバター＋米飴。これがおいしいんですよ～！　特にパン党の人に大人気です（マクロビオティックではパンは毎日食べないほうがいいので、パン好きの人はそれに代わるものがとっても欲しくなるんですね）。他にも、ノンシュガーのフルーツジャム、米飴＋きな粉、メープルシロップ＋穀物コーヒー、ごまペースト＋米飴、きな粉またはしょうゆ、玄米甘酒＋麦焦がし、玄米甘酒＋フルーツなど、組み合わせを楽しんでみてください。

また、砕いて使えばお米のコーンフレーク感覚でいろいろなトッピングと混ぜて使えます。しゃくしゃくした食感が楽しいですよ。甘酒といちごとか、きな粉をプラス。麦焦がしを甘酒と煮て加えてもおいしいですね。あんこやフルーツと組み合わせるとか。私はチョコレートが大好きでやめるのに時間がかかったのですが、キャロブチップスというキスチョコのようなものと砕いたぽんせんを混ぜて、ライス＆ソイという植物性ミルクをかけてよく食べていました。

「玄米ポンセン」オーサワジャパン株式会社

炒りはと麦・コーンフレーク

そのまま食べても、アレンジを加えて簡単おやつにも

コーンフレークのようなしゃくしゃくした食感が好きな人、多いと思います。そこで今回は２種類紹介します。どちらも食べすぎには注意してください。

炒りはと麦は、ぽんせんよりもっと歯応えがあってずっと香ばしい。ぽんせんは柔らかすぎたという人は是非炒りはと麦を！　その食感がやみつきになります。甘みは加えられていないので、何かと組み合わせて食べるのがおすすめ。以前教室で、水で薄めた玄米甘酒に炊いた小豆やヒヨコマメの残りと、たっぷりの炒りはと麦にきな粉をふって食べるスイーツを紹介したところ、ハマル人続出。夫は、キャロブチップスを豆乳で溶かしてチョコレートクリームのようなシロップを作り、それを炒りはと麦にかけていました。とろんとしたクランキーチョコレートという感じ！

コーンフレークも何種類かありますが、こちらはチャックが付いていて、湿気が苦手なコーンフレークを扱いやすいパッケージがうれしい。少々のてんさい糖と麦芽エキスで穏やかな甘みが付いていますが、とにかくコーンフレーク自体の甘みがしっかりでおいしい〜。まずはそのまま食べてみてください。以前コーンフレークが好きでよく食べていましたが、思い返すとすっごく甘くて砂糖の味ばっかりだった気がします。他には、フルーツ類やトッピングもいろいろ試したり、ライス&ソイなどをかけても。私はよくフルーツゼリー（寒天や葛）や玄米甘酒フルーチェ、あんこなどをプラスしてミニパフェ気分の食感を楽しんでいます。

左：「ほうじハトムギ」(ハトムギ加工食品) 太陽食品株式会社
右：「コーンフレーク」 有限会社ケンコウ

全粒クスクス

ケーキの土台にもなるし、サラダにもおかゆにも

パスタの原料と同じデュラム小麦から作られたクスクスをご存知の人も多いのではないでしょうか。その全粒バージョンです。精白クスクスを使うときは、煮ずに蒸らすという感じですが､全粒のこれは数分～数十分煮ます。食感が軽いので、玄米のおかゆや玄米プティングが重いときに混ぜると、口当たりが軽く洋風に。また、洗わずにそのまま煮ることができるので、急いでいるときの軽食にもなります。とうもろこしやかぶなどと煮ておかゆ風にしても。すぐ煮えますが、あまり煮る時間が短いと、ぱさぱさした食感で男性に不人気なのですが、数十分煮ると柔らかくなります。

また、よくケーキの土台やお菓子作りに使います。マクロビオティックでは焼き菓子を毎日は食べないのでその代わりにします。例えば、りんごジュースで数十分煮て熱いうちに型にしきつめると、冷えてからある程度固まってケーキの土台のようになります。その土台に、煮込んだフルーツ類などに葛でとろみを付けたものや、豆乳などのクリーミーなソースを流し入れたケーキは簡単なのでよく作ります。全粒クスクスに果物やナッツのみじん切り、栗などを入れて煮て冷やすとフルーツケーキの軽いバージョンみたい。結構コクがあります。以前はよく、ライス＆ソイまたは豆乳と穀物コーヒー、りんごのみじん切り、アーモンド、メープルシロップ、全粒クスクスを煮詰めて簡単スイーツを作っていました。チョコレートが欲しくなると食べていたものの一つです。

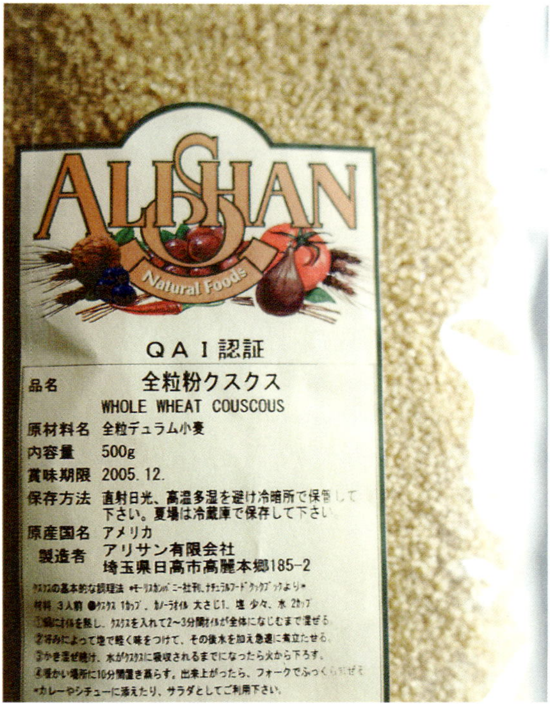

「全粒粉クスクス」テングナチュラルフーズ

オートミール

炒ったり煮たり焼いたり。それぞれの食感を楽しめるデザート

オーツ麦を潰したものです。いわば洋風押し麦。ただ日本の押し麦と違って少し脂肪が多いので、毎日食べるものではありません。また、治病中は避けます。私には、市販のおやつから脱出するのに不可欠でした。ムソーさんのほうは粒が細かく砕けていて、煮て使うのに向いています。野菜と煮てオートミールがゆもできますが、多くの男性にひどく不評。もっぱらデザートにしていました。例えば、りんごジュースと切ったりんごを加え6～7分煮ると、とろっとしたプティングになります。豆乳やライス＆ソイとメープルシロップ、穀物コーヒーなんかで煮るとチョコ風プティング。炒ったアーモンドでも散らせば立派なデザートに。冷めても温かくてもおいしい。りんごバージョンより刺激が強く胃にたまりやすいので、乳ガンやアトピーの人は食べすぎに注意。2歳以下の子どもも消化しにくいと思います。

もう一つのテングさんのほうは、煮ると硬くてちょっと臭みが残ります。それよりも炒ったりオーブンで焼いたりしたほうが断然おいしい！　クッキー生地に入れると甘みとコクが出ます。から炒りして、炒ったナッツやドライフルーツ、米飴と混ぜ、フライパンでさらに炒るかオーブンで焼くと自家製グラノーラになります。ちょっとコツがいりますが、自分で作ると油っぽくなくて、でもカリッとして本当においしいですよ。甘栗を混ぜたりライス＆ソイをかけたり、そこに穀物コーヒーやにんじんジュースをミックスしたり。秋になると、毎年自家製グラノーラを作ります。

左：「北海道産・オートミール」ムソー株式会社　右：「オートミール」テングナチュラルフーズ

全粒小麦粉・精白小麦粉

上手に使い分けたい。良質の麦を使った粉たち

マクロビオティックでは、小麦粉もやっぱり全粒粉を使います。普段意識することは少ないかもしれませんが、意外と小麦粉が入っている食べ物って多い。クッキー、パン、マフィン、うどん、パスタ、ぎょうざの皮、だんご、天ぷらの衣など。食べているこれらが精白した粉なのか、全粒粉なのかで大きな違いが出てきます。精白した粉は体にたまって血液を酸化させやすい。全粒粉は小麦ふすまたっぷりで消化もよく、不要なものはちゃんと排出されやすい。しかし、全粒粉でも摂りすぎは消化不良を起こし、体に蓄積するので、治病中の人は特にご注意ください。また、精白した粉は栄養価で劣るだけでなく、漂白したり保存料などが使われていたりします。

理想はもちろん、国産で農薬不使用のものなのですが、まずはアメリカの全粒粉を紹介します。テングさんで扱っているこのアロウヘッドミルズ（Arrowhead Mills）というブランドは、長年オーガニックの小麦を扱っているメーカーで信頼できます。ちなみに、国産小麦はグルテン質が割と多く、全粒で軽い薄力粉にするのは難しいことが多いようです。マクロビオティックのお菓子は大体どっしりとしやすいのですが、ここの薄力粉は大変粒子が細かく、繊細なお菓子を作りたい人におすすめです。なお、薄力粉と強力粉の違いはグルテン質の量によります。多いほうが粘りのある強力粉で、パンやピザ作りな

左：「全粒強力粉」テングナチュラルフーズ
右：「全粒薄力粉」テングナチュラルフーズ

≫

ど、よりしっかりした生地を作りたいときに向いています。繊維が多いですが、丁寧に練ると香り豊かで、ふっくら噛み応えもあるパンやピザの生地ができますよ。粘りにくい薄力粉は、クッキーやブラウニー、天ぷらの衣など軽い仕上がりのものに向いています。しかし、マクロビオティックの焼き菓子では卵白などを使わないため、生地をしっかりと、また滑らかにしたいなら、薄力粉に強力粉を合わせて使うことをおすすめします。その際、どちらかに少々の精白粉を混ぜると、より軽い仕上がりになります。

精白した粉は、理論で言うとできるだけ避けたいところ。しかし現実的には、少々必要になることが多いと思います。全粒粉は繊維質が多く粘りにくいので、ある程度の水気を含んでも形がしっかりしています。一方、粒子がザラザラ、サラサラしていて独特なため、衣やお菓子を作るときに粘りや粘着力が足りないことがあります。そこで必要に応じて、精白した粉を混ぜて粘りや軽さを足します。紹介するのは、お菓子作りなどに人気がある国産小麦粉。精白粉ではありますが、粉自体のおいしさが違う。漂白はもちろんしていません。いつものクッキーがワンランクおいしくできますよ。精白薄力粉と強力粉の違いは全粒粉と同じです。

左：「はるゆたかブレンド」（強力粉）有限会社小樽素菜亭お蔵
右：「ドルチェ」（薄力粉）有限会社小樽素菜亭お蔵

上新粉・白玉粉・もち玄米粉

おいしい粉を使えば、手作り和菓子もワンランクアップ

粉類は料理のバリエーションを広げるのにあると便利。各種穀物の粉の中でも、上新粉は精白したうるち米、白玉粉は精白したもち米からできています。マクロビオティックでは未精白の穀物がメインですが、主食で玄米などを食べていれば、質のいい精白した米粉（上新粉、白玉粉）を時々、デザートなどに少々使うのは問題ないと考えています。ただし、厳格な治病中の際はご注意ください。精白した米粉でなく、玄米粉（上新粉の玄米バージョン）ともち玄米粉（白玉粉の玄米バージョンに近い）を使うのが理想。しかし玄米粉は、やや粘りが少なくまとまりにくいので上級者向きと考え、もち玄米粉を紹介しました。普通、米粉は小麦粉と違ってグルテン質が少なく粘りにくいので、クッキーなどの洋菓子には難しいのですが、もち玄米粉ならまとまりやすい。グルテン質が少ない米粉は、粘着力や弾力が弱いですが、しっとり、あっさりした生地になります。だんごやぎょうざの皮を作るときに小麦粉に混ぜたり、れんこんハンバーグなどのつなぎや蒸しケーキ作りにおすすめ。

この上新粉、とっても甘みと風味があります。教室のスタッフがすりおろしたつくねいもでまんじゅう生地を作りましたが、これがどこのまんじゅうよりおいしかった！　また、甘酒やドライフルーツと混ぜて簡単な蒸し菓子にも。白玉粉も粉自体がおいしい。風味が違います。丁寧に練ると滑らかな生地になるんです。もち玄米粉と混ぜて蒸した後、さらにつくと延びが出て、全粒粉も混じって栄養バランスがよくなります。

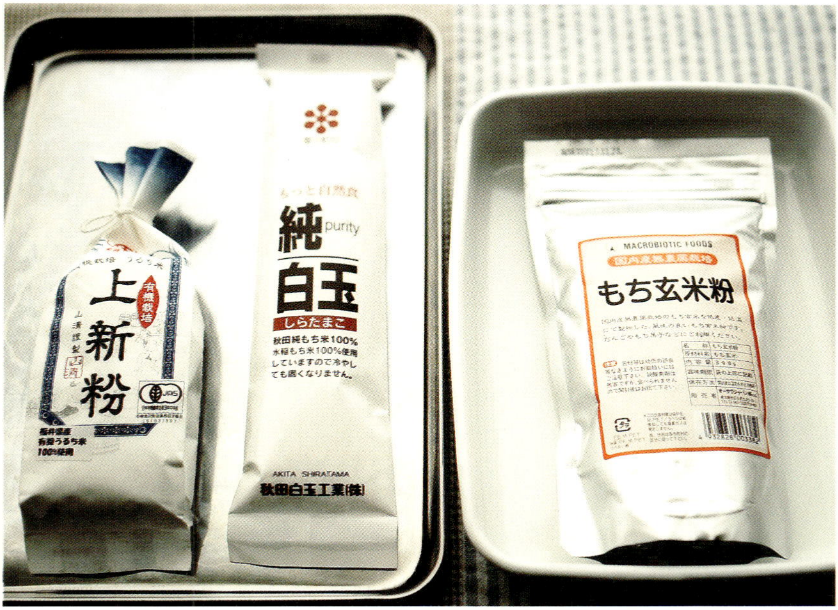

左から：「有機上新粉」株式会社山清　「純白玉粉」秋田白玉工業株式会社
「もち玄米粉」オーサワジャパン株式会社

黒豆きな粉

だんごにもシャーベットにもドリンクにも。とにかく何にかけても美味!

きな粉ってモノによって味も香りも違うんだ、とこのきな粉のおいしさに感激してから、しばらく、何でもきな粉をかけてみるか、練り合わせてきな粉風味を試していました。だって、しょうゆと混ぜてペーストにしておかずにも、甘味料と混ぜて甘いものにも何にでもホントにおいしい！　玄米ごはん、玄米もち、納豆、豆腐、玄米甘酒、米飴、ごまペースト、ぽんせんフレーク、炒りはと麦、白玉だんご、ごま豆腐、キャロブチップス、ライス＆ソイなど。例えば、玄米甘酒一つとってみても、冬は葛粉と煮てとろみを付けてホットドリンクに。コーンフレークを散らしても。夏は玄米甘酒とライス＆ソイと煮てミキサーにかけ、冷凍庫で固めて途中で練りなおし、きな粉シャーベットとして楽しむ。きな粉クッキーや蒸しケーキだってできちゃう。

ココアが好きな人って多いと思うのですが、ココアはザンネンながら体を冷やすし血液を酸化させるし、胃腸に悪いんです。興奮作用もあります。寒いときついホットココアを飲んじゃうとか、何でもココアをかけちゃう、などというとき、とってもおいしいきな粉を試してみてはどうでしょう。ただ、長時間ローストされたものなので、食べすぎると「陽性」になります。マクロビオティックをやっているのに、歯ぎしりとか肌がかさつく、甘いものがやめられない、などということがあったら、きな粉や甘栗などローストしたもの、オーブン焼きのものなどを摂りすぎていないか、振り返ってみてください。

「大粒黒豆きなこ」オーサワジャパン株式会社

甘栗

簡単に、ほっくりの甘み付けに使える

毎日の食事のうち７割以上は穏やかな甘みが必要です。玄米ごはんや野菜たちのほくほくした甘みです。しょっぱさや辛さ、酸っぱさなども必要ですが、多すぎて穏やかな甘みが足りないと、砂糖などの強い甘みが欲しくなるのです。この甘栗はノンシュガーだけど甘くて、満腹感がありほっくりした歯応えも魅力。年中買えるレトルトパックとはいえ、秋に収穫されるものなので秋冬におすすめしたい食材です。そのまま食べるのもおいしいけれど、料理に活用しない手はありません。私はプティングが一番多いかな。もちきびと煮てとろとろプティング、全粒クスクスと煮ればさっぱりプティング、小豆やレーズンとコトコト長時間煮たほっくりプティングもおいしいです。流し缶に入れて上に寒天でも流せば、かなり上品な和菓子に。キャロブチップスを水かライス＆ソイで煮溶かして、甘栗にコーティングしたものはかなり甘かったけど、チョコ好きにはヒットかも。ライス＆ソイとレーズン、寒天・葛と煮てミキサーにかけた栗のムースもいいですよ。お菓子以外には、秋冬に野菜と煮たこともありました。新鮮な栗がなくて玄米ごはんと炊いたら、さすがに夫に甘すぎだよと言われましたが、えのきやもち玄米、ねぎなどをうまく使って、一度は「おいしいね」と言わせてみせようと考えています。

ただ、一度栗を急速に冷凍させ、かつ長時間ローストして作るものですから毎日は食べないで。理想は、旬の生の栗です。

「天津むきあまぐり」(有機焼き栗　天津甘栗) 丸成商事株式会社

干しいも

子どもも大好き！　こってり豊熟な甘みで立派なおやつ

干しいもってなんとも地味なルックスですよね？　知らない人はなんじゃこりゃ～と思うかも。でもきっと、一口食べてみたら、その味や食感のおいしさにびっくりしてファンになりますよ！　元々お好きな人は是非、こちらの商品も試してみてください。さつまいもを蒸して皮をむき、スライスして天日に当てて何日も干してあるんです。日光をじっくりゆっくり日にちをかけて浴びていくうちに、じわじわじわじわ、その甘みがますます濃縮されて……。歯応えが違う！　柔らかい、それでいてしっかりぐにゅっと噛み応えがあって、口の中ですぐにはなくなりません。それに、じわ～っと広がる甘みとコク。肉厚なので少量でも満腹感があります。干しいもは食物繊維も豊富。砂糖やバターたっぷりのお菓子より、よほどヘルシーですよ。軽くあぶったり蒸しなおしたりすると、よりおいしい。豆乳と軽く煮てミキサーにかければ、即席いもペーストにもなります。

ただし、ダイエット中の人やおなかが張りやすい人、おならが出やすい人、便秘がち、胃腸が弱い人、糖尿病やガンなど治病中の人は食べすぎにご注意ください。

「干いも」農事組合法人マルツボ加工センター

ごま豆腐

今までのイメージを覆す!?　簡単和風プリン

ごまを潰したり、ごまペーストを本葛で固めたもの。黒ごまと白ごまの２種類あって、黒ごまタイプはごまの風味が強くミネラルが多い。白ごまタイプはもっとクリーミー。さて、これをどういうふうに食べましょうか？

日本人って、わさびじょうゆで食べるイメージではないですか？　でも、私の教室に通うハーフの生徒さんに言われてびっくり。「私は米飴ときな粉をかけて食べます」なるほど〜。わざわざごまのブラマンジェとかごまプリンを作らなくても、これってごまプリンじゃないか！それに気付いてからというもの、すっかりはまってしまいました。特にきな粉をかけてから米飴を加えるのがおすすめ。私はきな粉と玄米甘酒をかけるほうがもっと好きです。いちごなどを飾るとますますデザート気分。さらに、ちょっと水を加えて小鍋で煮るととろ〜んって溶けるんです。このとろん加減がますますデザートっぽい。こってりさせたい冬は、ライス＆ソイときな粉に米飴やメープルシロップなどで甘みを付けて、とろとろホットデザートにしていました。穀物コーヒーバージョンなどもお試しください。かなりボリューム満点でおなかいっぱいになると思います。柔らかい食感のデザートが簡単にノンシュガーで食べられるとうれしいですよね。ただし、食べすぎに注意してください。ごまペーストの塊みたいなものですから脂肪分たっぷりです。やせたい人、胃腸が弱っている人は特に食べすぎに注意。もちろん、アイスクリームを食べるよりずっといいですけれど。

左：「オーサワの胡麻豆腐（黒）」オーサワジャパン株式会社
右：「オーサワの胡麻豆腐（白）」オーサワジャパン株式会社

ナッツ

食感も大切な味の要素！　歯応えを楽しもう

食事に満足する上で、大切なのに意外と忘れられやすいのが「食感」。味の濃さとか肉がない、ということより、マクロビオティックを始めた頃って食感がワンパターンになりやすいんですよね。ナッツは、手軽にぱりぱり、ぽりぽりという食感をプラスし、サラダやプティング、いろいろ使えます。生だと消化が悪く胃腸がもたれるので、必ず火を通して。炒ったりオーブンで焼いてもおいしいですが、煮ても美味！　玄米と炊く人もいるくらい。アーモンドを煮るときは、一度茹でて皮をむいてから炊いたほうが食べやすいです。フライパンで炒るとき焦がしてしまう人は、一度洗って水気を軽くきってから炒ると焦げにくくなります。

さてそのナッツ、食べすぎには注意してください。植物性だからヘルシー、ビタミン豊富、と思っている人もいるかもしれませんが、治病中は避けます。植物性でも脂肪が多すぎて体液が滞りやすく、体に蓄積物の塊を作りやすいです。筋腫やいぼ、静脈瘤などのぼこっとした塊をなくしたかったら、当分ナッツはやめて種子（ごま、えごま）だけにしてください。どうしても食べたいときは、かぼちゃの種が一番いい。それも、炒ったり焼いたりするより、少しの塩と茹でたり煮たりするほうが脂肪は溶けやすいです。まずは、無理なく近づけていってください。毎日食べていたマカデミアナッツチョコレートを質のいいナッツに変えただけでも、体はずいぶん喜んでいるはずです。

左から：「有機ひまわりの種　無塩」テングナチュラルフーズ
「有機かぼちゃの種」テングナチュラルフーズ
「有機生アーモンド　無塩」テングナチュラルフーズ
「有機生くるみ　無塩」テングナチュラルフーズ
「千葉半立落花生」（から付落花生）有限会社メルカ・ウーノ

ナッツペースト

もちろん砂糖ナシ！　ナッツ100％の濃厚な甘さ

このオーガニックピーナッツのおいしさ。砂糖抜きでこんなに甘い！　このクランチタイプは、ピーナッツの破片が入ってぷちぷちっとした食感がさらに満足度高し。オーソドックスな食べ方は、米飴なんかとパンや玄米ぽんせんに塗って食べること。特にぽんせんの乾燥した食感がピーナッツペーストのクリーミーさとよく合います。また、疲れてこってりしたものが食べたい〜というとき、加藤農園さんのパンにたっぷり塗っていただきます。それから塩気とも相性がいい。漬物と玄米のり巻きは大人気。味噌やしょうゆと合わせて、みじん切り小ねぎなどを加えて延ばしたソースは、蒸し野菜でもなんでもおいしい。紹介したものは、油と固形物がそんなに分離しなくて最後まで使いやすいです。チョコレート風味が好きな人にはアーモンドペーストがおすすめ。オーサワさんのは濃厚できめ細やかな味でちょっとぜいたくな感じ。ただ、分離しやすくペースト部分が硬くなりやすい。テングさんのものはもっと柔らかくてちょっとオイリーな感じ。ピーナッツペーストより固まりやすいので、塗る場合は湯せんにかけたり、メープルシロップや豆乳などと火にかけて延ばしたほうが使いやすいです。

ピーナッツペーストもアーモンドペーストも、全粒粉や豆乳、ナッツ類などと合わせてクッキーやいろんなタルト生地などに混ぜてコクを出したりつなぎに使えます。ただ、いくら植物性と言っても脂肪たっぷりなので使いすぎ（特に調子の悪いとき）には注意しましょう。

上から：「アーモンド・ペーすと」（アーモンドスプレッド）オーサワジャパン株式会社
「有機ピーナッツバタークランチ」テングナチュラルフーズ
「アーモンドバター」テングナチュラルフーズ

ドライフルーツ

フルーツの甘みがぎゅっと濃縮。気分によって選びたい

果物は水分がとても多いのに、それでも甘いですよね。ドライフルーツは、乾燥することでさらに果物の甘みがぎゅっと濃縮され、とってもぜいたくな甘味料にもなります。甘いものをちょっと口にしたいときにも便利です。私が欠かさないのはこの３つ。どれも砂糖ナシ、オイルコーティングナシ。だからべとべとしない、ぎとつかない。体への負担も少なく、果物の甘みがとっても濃厚。それぞれ異なる甘酸っぱさを持っているので、気分で使い分けています。

例えば、とことん甘くしたいときにはレーズン。酸味を強調したいときはあんず（アプリコット）。アップルは甘みと食感を強調したいとき。あんこを作るときにも、米飴やメープルの気分じゃないとき、ドライフルーツを入れて煮込むと、新しいおいしさが広がりますよ。クッキーやパウンドケーキなどにだって入れられるし、フライパンで焼くお焼きやクレープにだって。プティングの類にもよく使います。ベースは、玄米だったり全粒クスクス、ひえ、もちきび、オートミールなどいろいろですが、それぞれ豆乳やフルーツジュース、甘栗、ナッツ類などと煮て、好みで型に詰めたり、とろとろのまま食べたりします。お菓子以外にも、温野菜サラダや玄米サラダ、リゾット、煮物やソース類に混ぜるとアクセントになります。ただし糖度が高いですから、体の調子が悪いときは控えめにして、穀物の甘味料を基本にしたほうがベター。なお、朝昼晩の３食ともフルーツを入れるのは原則としてやめましょう。

上から：「干あんず」(乾燥果実）有限会社ネオファーム
「ドライアップルリング」(乾燥果実）有限会社ネオファーム
「レーズン」(乾燥果実）有限会社ネオファーム(左の袋も）

フルーツジャム

砂糖ナシだからこそできる。フルーティーなさわやかさと甘さ

無糖のこのジャムは色も美しいですが、砂糖が使われていないことによって、さらに果物のおいしさが際立っています。舌に変に甘みが刺さることがなく、濃厚でさわやかな甘みを楽しめます。甘みを付けているのは果物を濃縮させたシロップ。科学的には同じ単糖の甘みですが、体への影響はよりマイルドです。砂糖入りのジャムは風味が物足りないし、添加物も結構入っています。でもこのジャムは、着色料や保存料は入っていません。甘酒ゼリーに浮かべたり、天然酵母のパンに塗ったり、番茶に落としてみたり、ジュースや水で延ばせばデザートソースに。毎日向きではないけれどあると楽しい。毎朝砂糖と添加物たっぷりのジャムトーストが朝ごはんなら、ジャムを変えるだけでも負担を減らせるし、何よりも豊かな香りとおいしさが気持ちを和ませてくれるはず。他には、ゲル化剤を含まないムソーさんのフルーツスプレッドもおすすめです。

マクロビオティックをある程度続けてから久しぶりに砂糖を摂ると、すぐ体が反応して、対外に排出されるまでの少しの間、頭がぼ〜っとしたり、どこかがかゆくなったり、鼻水が出たりします。慢性的に砂糖を摂っていると、体が慣れてすぐには反応しないものです。砂糖を食べたくらいで反応するんじゃ逆に病気みたい〜と言う人もいますが、ため込んでひどい病気になるより「これはいらないよ」と体がすぐ反応するほうがいいのかな、と思っています。

左：「有機栽培　砂糖不使用イチゴジャム」マルカイコーポレーション株式会社
右：「有機栽培　砂糖不使用ブルーベリージャム」マルカイコーポレーション株式会社

キャロブチップス

チョコレート風味が楽しめる植物性チップス

マクロビオティックではカフェインを避けます。ココアもできるだけ摂りません。その代用にカフェインを含まないキャロブ（いなご豆）のパウダーやチップスを使います。ただ、キャロブ自体、熱帯産で脂肪が多いので、どれだけ食べてもいいというものではありません。また、パーム油といって非常に消化しにくい油脂がこのチップスには含まれています。でも、「マシ」を少しずつ増やしたり、チョコレート中毒の人には必要だと思います。そのまま食べてもいいですが、たくさん食べると体がだるくなったり、眠たくなるのでご注意ください。肌が荒れているときにもおすすめできません。少しでも負担なく食べるには加熱しましょう。そのまま加熱すると水分が足りなくてぱさぱさしてしまうので、水かライス＆ソイ、豆乳などを加えて火にかけて。その際、脂肪分の消化のために、少々の自然海塩か麦味噌・豆味噌のどちらかを加えるといいです。できたペーストは、コーンフレークにかけたりクッキーに付けて固めたり。一度煮て冷えてから固めると板チョコみたい。小さめのパイ型に流し入れても。全粒クスクスと豆乳、メープルシロップと煮てもいいと思います。

朝昼晩に食べるほど完全なチョコレート中毒だった私ですが、今ではもう何年も食べていません。あんなに低血圧で朝起きられなかったのに、今は目覚めがすっきり！たまに苦甘いものが食べたくなったら、ちょっと刺激のあるキャロブチップスに登場してもらいます。

「キャロブチップス」テングナチュラルフーズ

ビスケット・せんべい・クッキー

素材の味を大切にした優秀なお菓子たち

ノンシュガー・ノンエッグ・ノンデアリー(乳製品なし)のお菓子をいくつか集めてみました。もっともっとコンビニなどでもこういうお菓子が売られたらいいのになぁと思います。工夫すれば、おいしくて見た目もパッケージも素敵なものができるはず。

「オーガニックイタリアンビスコッティ」は、量販店で購入できるマクロビオティック対応のビスケットの中では、一番気に入っています。全粒粉、食物繊維たっぷりのざくざくとした食感。甘みもメープルシロップではなく小麦シロップ。くどくないし、かといって甘すぎない。噛みたくなる歯応えなのに、単に硬いとは違うところがいいのです。いいなぁ、イタリアはこんなオーガニックビスケットがいろいろあって。「玄米このは」は子どもの頃から好きなせんべいでした。すごく歯応えがあるのですが、うっすらとした塩味が何とも言えないコクを出し、ぼりぼり食べているうちについもう一枚、と止まらない。おなかもいっぱいになります。おやつ本来の意味だった、小腹を満たすのにはぴったりかも。みれっとファームさんからは、国産小麦を使っていろいろなクッキーが出ています。写真は“次郎くん”という名前のくるみクッキーですが、“花子さん”というアーモンドクッキーも気に入っています。噛むほどに味わいの出る、素朴だけど濃厚な焼き菓子たちです。ただ、どれも粉ものですから食べすぎに注意してください。中では、体への影響はせんべいが一番マイルドです。

上から：「くるみクッキー　次郎くん」みれっとファーム
「玄米このは　うすじお味」（米菓）合名会社アリモト
「オーガニックイタリアンビスコッティプレーン（全粒粉入り）」
（オーガニックビスケット）株式会社むそう商事

飲みもの

Drink

余計な脂肪を洗い流す効果が高い番茶をはじめ、コーヒーや牛乳がなくても大満足のアイテムなど、おいしくって体にもいい飲み物たちです。

カフェインナシでほっとできる和み茶

番茶

カフェインの多い飲料や砂糖の入った飲料を飲まないマクロビオティックでは、緑茶も魚を食べるときだけです。コーヒーも紅茶もウーロン茶も飲みません。では、毎日何を飲んでいるかと言ったら、イチオシは番茶です。お茶の葉の新芽じゃなくて、もっとずっと伸びた後の、茎を焙じてお茶にしたもの。カフェインがうんと少なくて体を冷やしません。水を沸騰させて番茶をパックに入れてから15分くらい、中火〜弱火で煮出します。番茶用の魔法瓶などを用意して、一日一回番茶をたっぷり沸かしてそこに入れておけばいいんです。私の毎朝の日課です。こうしておけば、いつでもおいしい番茶が飲めて、ほっと一息つけます。このメーカーさんのものは、特にお茶の出がよくて、大さじ1〜2くらいで1リットルくらいは取れます。

番茶の香ばしい香りが大好きです。おまけに、脂肪を洗い流してくれる作用もあるんです。だから、番茶で肌や顔を洗ってみてもいいんですよ。アトピーの人にすすめられます。また、花粉症の皆さんは、塩を加えた番茶で目を洗ったり鼻の中に数滴落とすといいです。たまっている粘液を洗い流してくれます。また、玄米と梅干しとしょうゆ、薬味を散らして番茶をかけた茶がゆも、体の中を大掃除してくれますよ。飲み会の翌日にもおすすめ。

「無双番茶」ムソー株式会社

梅醤番茶《うめしょうばんちゃ》

体の調子を調えて仕事効率もアップ!? 万能茶

代表的な薬膳に梅醤番茶があります。マクロビオティックで避ける肉や乳製品、砂糖など、極陰や極陽の食べ物は全て血液を酸化させますが、そのどちらも中和してくれるお助け薬膳。体を温めたり、免疫力を高めてくれる飲みものです。風邪のひき始めや冷え性、花粉症、貧血、低血圧で悩んでいる人、二日酔いのひどい朝や生理痛のひどい人、太りぎみの人、長時間パソコンや電気機器に触れる仕事をしている人など、いろんな人におすすめです。本当は自分で作るのが一番効果大。２年以上寝かせた梅干しの果肉を刻んで、しょうが汁としょうゆ２、３滴を加えてよく練り合わせ、熱い番茶を加えるだけ。なのですが、これすら面倒と感じる「クイック」に慣れた現代の私たち！　手作りには負けるけれど、便利さと効果を考えたらやはりペーストも手放せません。職場での仕事効率や健康を考えるなら、会社にも置いてほしいもの。カフェや喫茶店でも「梅醤番茶」をオーダーできるときが来たらいいのになぁ。

紹介した中で、アイリスさんのものはよりしょうゆの風味が濃いです。番茶が入っていますが、お湯でなくて番茶に溶いてもいいと思います。いんやん倶楽部さんのものは少し酸味が強く、しょうが抜きです。番茶の風味も濃いので、お湯に溶くほうがおいしいと思います（番茶なしもあります）。好みで使い分けてみてください。お茶として飲む以外に、炊き立ての玄米ときゅうりやごまなどとのり巻きにしたり、お茶漬けやのり弁風にしてみてもおいしいですよ。

左：「梅醤番茶」(梅干加工食品) アイリス株式会社
右：「濃縮番茶入　梅醤エキス」有限会社いんやん倶楽部

穀物コーヒー

体を温めたいなら、"コーヒー"ではなく……

穀物を主原料にしたコーヒー風の飲み物です。ただ、コーヒーのようなカフェインの強い覚醒作用はありません。だから体にいいのですが、あのカーンとくる刺激がないのでコーヒー好きには不評だったりします。コーヒーはものすごく刺激が強いということが、やめてみて分かりました。昔はがぶがぶ飲んでいましたが、今は夜一杯飲むと頭がきんきんに冴えて、絶対に眠れません。どうしても今日は徹夜しなければ、という日は飲みますが、呼吸器や消化器、生殖器、神経系などにすごく負担がかかり、体をとても冷やすものなので、ごくまれにしています。味は好きなんですが……。それに引き換え、穀物コーヒーにはそのような作用がなく、また体を温めます。いろいろ種類はあるのですが、いちじくの入っているものが結構多い。いちじくは生殖器を傷めて流産や不妊症などの原因になるもの。少しとはいえ気になるので、いちじくなしのものを紹介します。

インスタントコーヒーのようにお湯に溶かして使います。ライス&ソイを牛乳代わりに使ってオレのようにしたり、メープルシロップと組み合わせればチョコレート風味のお菓子ができます。ブラウニーやクッキー生地、マフィンに混ぜるのも簡単です。オレは、そのままとろみを付けたり、固めればゼリーになりますし、泡立てながらその泡を潰さないように固めると、ムースになります。隠し味にフルーツジャムを入れて、コクを出してもおいしいです。

「インカ」テングナチュラルフーズ

ライス&ソイ

牛乳代わりに。生で飲むなら豆乳よりコチラ

名前の通り、玄米と大豆のミルクです。ほんのり甘くて飲みやすい。臭みもなくてオイルフリー。原材料が白米じゃないのもうれしい。豆乳と似ていますが、豆乳は大豆の絞り汁で米は入っていません。豆乳は生で飲みすぎるとおなかを壊したり、体が冷えたりすることがあるので加熱するのが原則ですが、ライス&ソイは生でも飲みやすいし豆乳ほど冷えません。穀物コーヒーと割ってオレにしたりコーンフレークにかけたり。蒸し菓子やパンケーキ、ムースやクッキー。ホワイトソース風の料理やリゾット、パスタなど。とろみを増やしたかったら寒天や葛を加えます。

最近では、日本でも欧米並みに乳製品を手放せない人が増えてきました。乳製品は特に日本の気候には合わず、どんどん体に粘液としてたまり、アトピーやぜんそく、アレルギー、腫瘍、うつ病などの原因になることも。特に、パンやクッキー、クラッカーなど粉食品を食べすぎている人、魚を小さい頃からたくさん食べている人も牛乳好きになる傾向があります。少しずつ、牛乳を植物性ミルクに変えていってください。ただ、最終的にはライス&ソイも毎日大量に使うものではなく、少量か時々にします。いくら植物性でいい材料でも、玄米や大豆の繊維部分などが取り除かれた液体ではなく丸ごと食べるのがメインなので。ホワイトソースの代用としては、カリフラワーなど煮た野菜をミキサーにかけたり、葛や寒天でとろみを付けたり、玄米ごはんや玄米もちを野菜などとミキサーにかけてポタージュ風にもできますから、いろいろな方法を使いましょう。

「ライス＆ソーイ・ブレンド」テングナチュラルフーズ

みかんジュース・りんごジュース

味に格段の違いあり。果物をぎゅっと絞っただけのぜいたくさ

果物100％ジュースなら、砂糖ナシなので毎日飲んでもいい、と思いますよね。でも最近の100％ジュースはザンネン、一度濃縮して運びそれを薄めて作っています。経費節減にはいいのですが、より砂糖に近くなってしまい、たまにならともかく、頻繁に飲むにはすすめられません。加えて、ほとんどの安価な100％ジュースには香料や保存料が多く入っており、また原材料である果物の農薬がすさまじいのです。というわけで、価格の差は品質の差。体への影響の差でおいしさの差にもなり得るのです。紹介したような、果物をぜいたくに絞っただけのジュースは、香りも豊かだけどさわやかな甘みがあります。

みかんジュースのほうはいよかんも入っていて、酸っぱくなくてコクがあって甘い。とてもリッチな味です。りんごジュースも、りんごってこういうふうにさっぱりと、でも甘みが強いものよねぇと実感します。おいしいジュースは固めるだけでぜいたくなゼリーになります。クスクスやオートミールと煮てプティングにしたり、それらと二層にしても。果物と煮てコンポートにしたり、葛や寒天で少しとろみを付けて、中にところてんやあんこ、白玉などを浮かべてみたり。玄米甘酒と柑橘類のジュースはとても合います。よく混ぜて少し冷凍させてまた混ぜて、シャーベット風にすることも。りんごジュースは、風味が増すので焼き菓子にもよく使います。

左：「みかんジュース」（伊予柑混合）株式会社地域法人無茶々園
右：「果汁100%りんごジュース」（果物果汁）あかさか有機グループ

道具たち

Tools

電子レンジナシ、炊飯器ナシの生活でも全然不便を感じないのは、ちょっとした道具のおかげ。あると便利な道具たちを集めてみました。

圧力鍋

ごはんも煮物もスピーディーにおいしく仕上げたいなら

お米はお釜で炊くのが一番ですが、圧力鍋という便利なものがあるんです。空気も水も加熱すると膨らみますよね。お釜も圧力鍋も、膨張するところを分厚い鍋とふたと重石で内側にぎゅっと閉じ込める。つまり圧がかかった状態になり、玄米のうまみも内側にぎゅっとこもる。濃厚で柔らかいおいしさに仕上がるのです。ところがこの炊き加減が結構あなどれない。毎日のことだけにおいしくないとストレスになります。それどころか、炊き上がりが自分の体の欲求よりも、もちもち重すぎるとデザートがたくさん欲しくなるし、欲求よりべちょべちょしているとせんべいやクッキーなど乾燥したものがたくさん欲しくなる。鍋によっても、えらいもちもちになったり、あっさりになったりします。それに気付いて、圧力鍋を選ぶ大切さが分かりました。

ワンダーシェフのものは私にとってちょうどいい圧加減。割とあっさりめです。大体鍋の重さと比例して重いほど圧が強くなります。高価なものは圧を調整できたりします。ただあまりにも高圧で、10分で炊くようなことはおすすめできません。少し低い圧で、20分は火にかけたほうがいいです。また、食材に直接触れる部分がアルミ製のものは避け、ステンレス製にします。長い間使っているとアルミが溶け出すことがあるからです。圧力鍋は玄米を炊くほかに、豆を煮るときにも重宝します。やっぱり早い。丸ごとのかぶやカリフラワーを冬にちょっと圧をかけ、とろとろほくほくにするのが大好きです。

「ワンダーシェフ　レギュラー3L」伊藤アルミニウム工業株式会社

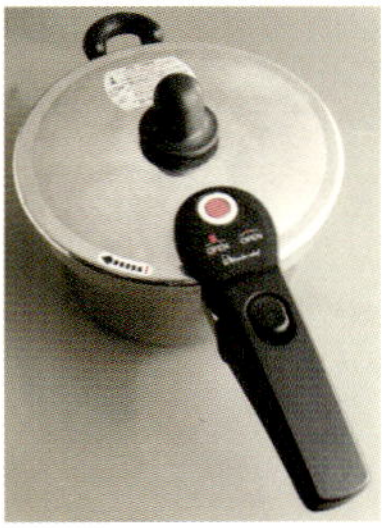

大きさも選ぶときの大事な要素。あんまり大きいと洗うときシンクを占領してしまうし、収納も出し入れも不便。一人暮らしなら3合炊き、4人家族なら4.5合炊きで十分

おひつ

残りごはんをおいしく保温するための必需品

圧力鍋か土鍋で玄米を炊いておひつに移しておく。面倒くさそうですか？　最初は炊飯器で炊いていいと思います。炊かないよりずっといい。でも炊飯器での保温。だんだんひからびておいしくないんですよね。電磁波当てっぱなしになるわけですし。じゃあ、鍋で炊いて密閉容器に移して冷蔵庫で保存する。これも面倒になったら是非おひつを！　おひつって実はとても合理的な道具。なぜなら、木でできているのでごはんの余計な水分を吸って、同時に適度に保湿する。べちゃべちゃにもぱさぱさにもならず、いつでもおいしいごはんが食べられるのです。冷蔵庫で保存するとどうしてもぱさぱさするし、温めなおしたりチャーハンやリゾットにしないと食べづらい。おひつに入れたら室温のままでもふっくらおいしく食べられます。夏場は、ほかほかでないのが逆によかったり。日もちは室内の温度によりますが、夏は大体24時間以内、冬は30時間くらい。なお、ごはんを入れる前は必ず一度湿らせた後、拭きましょう。そうしないと水気を吸いすぎたりべちょべちょしたりします。

おひつは最初、においが気になりますよね。買ってきたらお湯をはり、コップに半分くらいの酢を入れてしばらくおいておきます。ものによりますが、１～４回くらい繰り返すとにおいが取れます。洗うときはあまり長時間水に漬けておかず、洗い終わったらできれば熱湯に当てると水分の蒸発が早いです。とにかくすぐ拭いて、新聞などを詰めてできるだけ早く乾燥させます。熱風や直射日光に当てすぎると急速に乾燥して割れるのでご注意。

これは私たち夫婦が初期の頃、使い方に慣れず黒ずませてしまった私物です……。

台所から炊飯器と電子レンジがなくなり、おひつを置くようになってから、空間がやさしくなったような気がします

せいろ

いつもの野菜の味が変わる。冷凍ごはんだってふっくらに

おひつに続いて「木」の道具。あるだけで台所がやさしい雰囲気になります。せいろもまた、ルックスがいいだけではなくて、とても合理的な道具なんです。ふたが余分な蒸気を吸ってくれるので、べちゃべちゃと水滴が落ちない。ついでに段をどんどん上に重ねられるのがうれしい。ごはんも蒸し野菜も、豆腐の茶碗蒸しも一度でできる。一度でたくさん蒸すことができるから、かぼちゃを塩蒸しして半分食べて、残りは味付けして潰してかぼちゃペーストに。お昼のパンに挟んだり、夜ごはんのコロッケにしたり。野菜を蒸しながら、別の段でお父さんの分だけ白身魚を昆布にのっけて蒸すことだって。果物も時にはまとめて蒸してしまいます。段の下に合わせる鍋ですが、中華鍋ならサイズはあまり気にせずなんでも合いますが、ステンレス鍋などの場合はサイズをちゃんと測りましょう。ところで、せいろで蒸したものと金属の蒸し器で蒸したのとでは、どうしてこうも味が違うのでしょうね。

せいろも、おひつと同様にあまり長時間水にさらさないでください。ふたはほとんど洗う必要はないと思います。段も、私は濡れ布巾で拭くだけにして、できるだけ洗わないようにしています。汚れが気になりそうなときは、蒸すときに食材を直接入れず皿ごと入れるか、経木（道具街やわらべ村さんで売っています）を敷いています。洗ったら新聞を入れたり、陰干しして早く乾かします。強い日光や温風、食器洗浄機などに入れるとゆがんでしまいますので、避けましょう。

下の鍋は、やや高価で重く、沸騰に時間はかかりますが、スープ作りや直接調理もできるステンレスが理想。蒸すだけなら食材に直接当たらないので、安くて軽く、沸騰するのが早いアルミタイプでもいいです

土鍋

一度使ったら、料理の味に使いやすさにほれ込んでしまう

シンプルな柔らかさを感じさせるデザインです。この土鍋、才色兼備。野菜を軽く塩もみしたり、豆腐や厚揚げに塩をふって蒸し煮してみると……。全く別の料理に仕上がります。かぼちゃの蒸し煮なんて、ほっぺが落ちます。息子の友達が「魔法のかぼちゃ、魔法のかぼちゃ」と我が家に来ることを楽しみにしてくれています。石焼きいもと電子レンジでチンしたおいもって、味が違いませんか？　この土鍋は、石焼きいもを作るときに出るような遠赤外線効果があって、食べ物の甘みを存分に引き出してくれます。ひじきの煮物、豆のことこと煮、味噌汁、新キャベツのスープ、切干大根の煮物、炊き込みごはん……。なんだってとってもおいしく仕上げてくれます。料理上手と喜ばれますよ。

私の料理教室でも使っているのですが、料理嫌いだった生徒さんも、料理好きで鍋持ちな生徒さんも、この鍋にはびっくり。結局一人一つ買って、翌年にはもう一つ、と買いそろえていきます。そしてみんな「もはや手放せない」と。サイズは3合サイズと6合サイズ、それぞれ浅型、深型があります。我が家は鍋用に6合浅型を一つ、普段の煮物と味噌汁用に二つと結局三つもあります。母はおでん用に6合深型も買ったそうです。確か4個目のはず。友人・知人にも散々プレゼントしたし、一体家族みんなでいくつ買っているんだろう。とにかく、そのくらいおすすめなんです！

「マスタークック　3合炊深鍋」健康綜合開発株式会社

優れているのが洗いやすさ。例えば、こげができてしまっても、たわしでごしごしこすっても大丈夫。ただし、空焚きだけは割れてしまうので、ご注意ください

ミルクパン

一人暮らしの人も大家族の人も。ラクちん便利にお料理できる

ステンレスの計量カップを勝手にミルクパンとして使っています。目盛りが付いているから量るときにとってもラクなんです。小さな鍋って結構重要。一人暮らしだったら、一杯だけ味噌汁が欲しいなんていうこと、多いと思います。こういう小さいミルクパンではんの200cc分くらい作るんだったら、野菜もちょっと、味噌もちょっとでOK。お湯を沸かして少し野菜を茹でたい、ついでにそのお湯で高野豆腐を戻したり、さっと厚揚げを茹でたいというときも、大きな鍋だと作るのも洗うのも面倒。こんな鍋が一つ二つあれば全然ストレスになりません。お弁当も小さい鍋で何種類かさっさと作ったほうがラク。ソースも手軽にできるし。また、家族がいる人にも便利なはずです。男女や年齢差でどうしても味の濃さを変えたいときって出てきますよね。半分をこの鍋に取って濃くするか薄くするかしておけば、後で温めなおすことも調理しなおすことも簡単。

デザート作りにも重宝します。ジュースや豆乳を葛や寒天で固めるとき、ごま豆腐を煮なおしてとろとろにしたり、穀物コーヒーを作ってカフェオレ風にしたり。また、ケーキを作るときに米飴が硬い、湯せんにしたいけど面倒。そんなとき、こんな小さな鍋ならお湯もすぐ沸きます。また、壁にフックを付けて引っ掛けておけば、場所もとりません。そうそう、計量カップとして使うことも忘れないでくださいね！

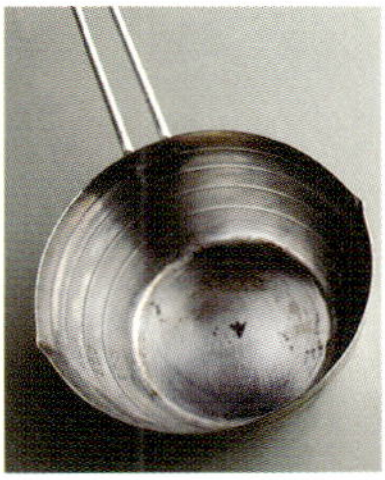

こういうオープンタイプの小鍋を買ったら、次はふた付きの小さな鍋があるとベストかなぁ

フードプロセッサー

手際よくさっと洗えて、手軽に使えて料理上手！

よく見かけるミキサーやブレンダーと違っていいところ。それは、洗うのが先っぽの刃の部分だけで済むということです。これってかなり重要。だって、一回の調理でかき混ぜたいものがいつも一種類とは限りませんよね。例えば、かぼちゃのピューレを作って、その後すぐに豆腐クリームを作らねば、などということがあります。そんなとき、大きなミキサーやブレンダーだといちいち容器から取り出して、それも洗わなければならない。でもこういうタイプだと、ボールや鍋に刃先を入れて、が〜っとかき混ぜ、先だけ取って洗って別のボールなどで他のものをすぐに混ぜることができます。コップや鍋にじかに入れても大丈夫だから、洗いものも増えません。

似たようなタイプのものがいくつかありますが、モノによってはすごく重い。でも、ブラウンさんのものは軽いんです。さっと取り出せて、使うことがおっくうになりません。刃先にカバーが付いているから、鍋やボールも傷つかないし。また、以前中身が壊れてしまったことがあったのですが、修理に出したところ翌日に戻ってきました！ アフターサービスがいいのも大切なことですね。

「ブラウン　マルチクイック」ブラウン

ブレンダーとしてだけでなく、チョッパーやミキサーとしても使えるように、付属品が付いています。写真右のものは、野菜もナッツもみじん切りにしてくれるチョッパー

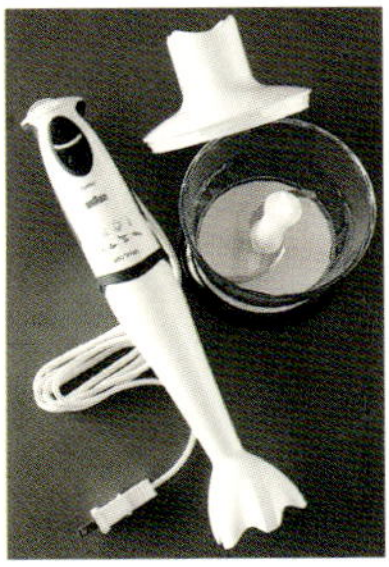

バット

料理の下準備に、冷蔵庫の中の収納に。あなどれないコンパクトさ

野菜などを切った後、種類ごとにきちんと分けて置いておきます。もちろん、一種類ごとに別の容器を用意する必要はありません。一枚のバットやお皿の中できちんと区分して置いておき、ぐちゃぐちゃに混ぜてしまわないようにします。素材の味やエネルギー、においなどが移ってしまうからです。そして、炒めるときや煮るときなど、それぞれを混ぜる段階で初めて、素材たちが触れ合うようにします。最初は面倒かもしれませんが、これに慣れると、確かにぐちゃぐちゃにしてしまうと逆にタイヘン！　だって、モノによって火の入り具合って違うし、炒め物だって、火の通りやすい、通りにくいを考えて、種類ごとに時間をずらしてフライパンなどに入れたほうがいい。こんなとき、バットを使うと手際よくできます。

日本の狭いキッチンだと、ボールは場所をとって「置き場所がない～」ということになってしまいます。でもバットなら重ねておくことができるんですね。素材を入れて並べると分量の比較も簡単。揚げ物や魚料理の下ごしらえもボールでやるより作業スペースを広く使えるし、食材が残った場合も、ボールに入れて冷蔵庫にしまうよりコンパクトにまとまります。洗うのも拭くのもラク。使わないときは重ねて収納して場所をとらない。何より魅力を感じるのは、このシンプルイズベストを体現している機能美。やっぱり毎日の道具は、自己主張しすぎない美しいデザインで、かつ使えるものが一番です。

軽くて丈夫なステンレス。大きさや深さもいろいろあります。調理道具としてだけでなく、小物の収納やトレーとして、引き出しや冷蔵庫の中でも便利に使えます

ミニすり鉢・すりこぎ・ささら

料理の味にも手間にも差が出る「する」小物

マクロビオティックを始めると、ミニすり鉢の出番が俄然多くなります。まずは毎日の味噌汁。味噌を少量のだし、または水とすり鉢で溶いてから使います。これをやるとやらないとでは「味噌汁毎日飲んでます」と言ったって、体への影響が違ってくるのです。すり鉢ですると粒子が滑らかになり、味噌が具と汁に均一にからみます。だから薄味でもしっかり味を感じられ、まろやかでおいしい。お玉で直接鍋の中で溶くと、ちゃんとからまないから味噌を多めに入れてしまい、必要以上に塩分を摂ることになる。バランスの悪い減塩味噌を買うより、手間に工夫するほうがずっと楽しくておいしい。味噌の他にはごまをするとき。ごま塩は、普通大きなすり鉢と大きなすりこぎで作ります。力を入れるとごまから油が出て酸化しやすくなり、保存食の意味がなくなるので、静かに、大きなすりこぎ（できれば重くて硬い山椒のもの）の重さだけですります。しかし、すぐ食べる普段使いには小さいすり鉢でささっとするとほんとにラクチン。ナッツや葛をすったり、ごまペーストと梅干しでドレッシングを作ったり。写真のすりこぎは山椒の木。一番硬くて、だから何をすっても負けません。柔らかい木だとモノによっては素材の味が染みてしまいます。

ミニほうきのようなささらは、すり鉢の溝に残ったごまや粉をはき出すときに使うものでとっても便利。おろし金に残った大根おろしなどを取るときにも重宝します。おろし金に使うときは、先を湿らせると折れにくいです。

小さいすり鉢があるだけで、「する」ひと手間が面倒でなく楽しみに。小さいながらも本格派の山椒のすりこぎは、手触りがよく、硬くてどんな食材にも負けない。ささらは、すったものを無駄なく集めてくれる名脇役

包丁

大切に手入れして、長く使いたい

料理に凝りだすと、まな板や包丁が気になってきますよね。まな板はやっぱり、プラスチックじゃなくて木のほうがいいです。肉類を扱わなければ雑菌も全然気にならないし。ある程度硬い木でできた、大きい安定感のあるタイプと、小さいタイプと二つあるのが理想です。さて、包丁のほうは……。紹介しているTOJIROは、持ち手に弾力があって、長く持っていても疲れない。値段も手ごろで切れ味もよく、道具の卸業者さんもイチオシの包丁です。それに持ちやすい形をしています。持ち手が木でできた包丁に憧れますが、割れやすかったり傷みやすかったりするので上級者向けです。私は、同じTOJIROで小さいタイプも持っています。切れにくくなってきたら、砥石も買って家で研ぐことにも挑戦してみてください。何年も使えますよ。ちなみに写真のものは、私の「巻き」が緩すぎただけで包丁の切れ味はシャープです！

マクロビオティックを始めると、道具や台所もきちんと整えたくなっていきます。食べ物は私たちの体を作るもの。その食べ物を整える場所はきちんと清潔にしていたい。道具は丁寧に手入れをしながら大切に使う。当たり前のことだけど、使い捨てに慣れた生活から、そんな地に足の着いたライフスタイルに少しずつ変えていくことが、気持ちの安定に大きな力となる気がしています。

プロはもちろん、刺身包丁とか菜切り包丁、和包丁、洋包丁などを使い分けるのでしょうが、家庭では何にでも使える三徳タイプが２本くらいあると便利だと思います

「TOJIRO-Color 三徳包丁」藤寅工業株式会社

木綿の布"びわこ"

食器も野菜も何でもやさしくしっかり洗えてしまう

一本一本の糸に綿糸がさらに絡まった、太い糸で織られています。とても手触りがよく、丈夫でやさしい風合いです。それでいて、お湯だけで油汚れも落とせる優れもの！　これを使うと、洗剤の使用量が減るから、自然にも肌にもやさしい。また、スポンジのようにすぐ崩れたり臭くなることもありません。洗って干しておけば一年以上使えるし、布だから細かいところまできちんと届いて汚れが落とせます。ガラスだってぴかぴかに。それから、欠かせないのが野菜を洗うとき。マクロビオティックでは皮をむかないことがほとんどです。なのに、ごぼうをごしごしたわしで洗っている人はいませんか？すぐに皮がむけてしまいますよ。びわこなら、くぼんだところの泥汚れまですみずみきれいに落とせます。やさしい手触りでそっと洗い流していく。野菜は荒く扱うほど甘みがなくなってしまうのです。

私の教室の生徒さんは、これで野菜を洗うのを見るとみんな驚きます。でも、このプロセスが好きになったと言っています。手触りがなんだか心地よくて、思わず丁寧に洗いたくなる、やさしく野菜を扱っているうちになんだか気持ちが安らぐそうです。ちなみに、泥が付くとある程度茶色く染まってしまいますが、それは取れません。でも、よく水洗いして干しておけば十分。また、一枚でかなり大きいのでいくつかに切って、野菜用、洗い物用と使い分けています。

「びわこふきん」朝光テープ有限会社

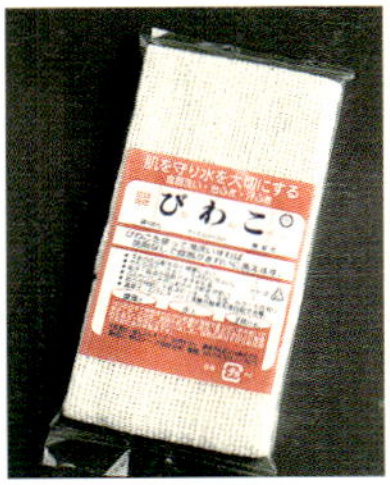

野菜洗いにいいものは、人間洗いにもいいのです！　顔や体をこすると、皮脂の汚れが気持ちよく落ちて、肌がすべすべになります。お風呂用に長いタイプも出ています

無漂白お茶パック・無漂白キッチンペーパー

直接食材に触れるものだから、薬品ナシを選びたい

番茶や麦茶を沸かすときに欠かせないお茶パックです。パック入りのお茶はやっぱり高いですしね。それも無漂白のものを使っています。漂白されたものでお茶を沸かすと苦みが出て、舌に変な味が残ります。漂白剤の成分でしょうか。色も見慣れると真っ白なものは、なんだか変な気がします。少しクリームがかった白い色が本当の紙の色なのかもしれませんね。お茶以外にも、何かだしを取りたいとか、煮出したいものがあったら、何でも入れて使えばいいと思います。

キッチンペーパーは、リサイクルの無漂白のものを使っています。新しい木からできたものを使っていると思うとなんだか気が引けますが、リサイクルのものなら、買うことで自然を守ることを応援できるのかなと勝手に前向きな気持ちになっています。包装を簡易化して価格を下げているのも好印象。厚手でしっかりしているので、掃除にも重宝します。我が家で一番使うのは野菜の保存のときですね。洗った野菜をこのペーパーで包んで、水をかけてしめらせます。それから新聞で包むか、面倒ならビニールのパックに入れます。乾燥しないで呼吸もできるから、野菜がますます丈夫で長持ち。新聞で直接包むとインクが付くのが気になりますし、ビニールだけでは日持ちしません。色も真っ白のものは漂白してあるので、残留した薬の影響が気になるところです。

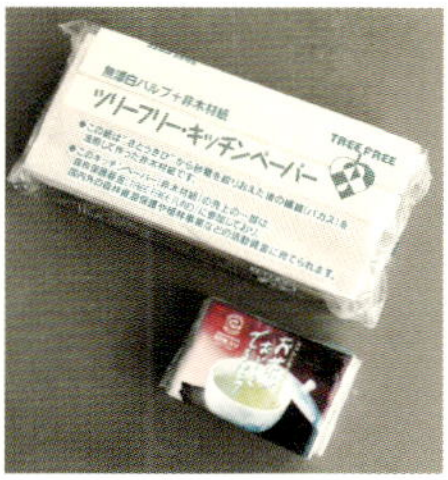

光の跳ね返しがやさしくて、穏やかな気持ちになるお茶パックと、やさしいカラーで小さな凹凸が気持ちいい手触りのよいキッチンペーパー

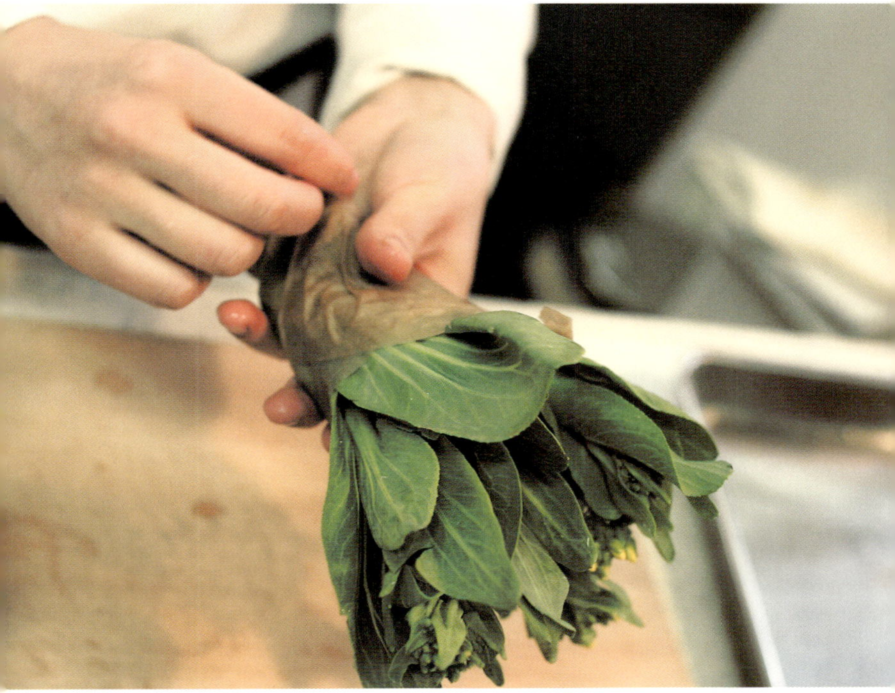

shop list
ショップリスト

※五十音順

アイリス株式会社　東京都江東区森下2-5-13
TEL 03-5624-0018　FAX 03-5624-4418
■http://www.iris-tokyo.jp　✉info@iris-tokyo.jp
[P182梅醤番茶1680円180g]

あかさか有機グループ　長野県下伊那郡高森町山吹5023
TEL 0265-35-3591　FAX 0265-35-8039
[P188りんごジュース450円900ml]

秋田白玉工業株式会社　秋田県秋田市金足下刈字北野5-2
TEL 018-873-4210　FAX 018-873-6399
■http://www.chuokai-akita.or.jp/beikoku/shiratama/
[P156白玉粉294円150g]

味の一醸造株式会社(東京営業所)　東京都中野区上高田3-21-9
TEL 03-3386-0031　FAX 03-3387-0777
■http://www.ajinoichi.co.jp/
[P118みりん630円720ml]

合名会社アリモト　兵庫県加西市常吉町字東畑647-9
TEL 0790-47-1881　FAX 0790-47-2221
■http://ippuku.com　✉arimoto@ippuku.com
[P176せんべい283円100g]

伊藤アルミニウム工業株式会社　大阪府豊中市二葉町1丁目19-19
TEL 06-6334-4341　FAX 06-6334-4343
■http://www.wonderchef.jp/　✉ wc@itoalumi.co.jp
[P192圧力鍋15950円レギュラー3L]

有限会社いんやん倶楽部　大阪府吹田市江の木町24-36
TEL 06-6339-1270　FAX 06-6389-4140
■http://www.yinyanclub.com
[P182梅醤番茶1890円280g]

海の精株式会社　東京都新宿区西新宿7-22-9
TEL 03-3227-5601　FAX 03-3227-5602
■http://www.uminosei.com/
[P82たくあん389円1本／P116梅酢336円200ml]

オーサワジャパン株式会社　販売先：リマの通販　東京都渋谷区大山町11-5
TEL 0120-328-515　FAX 0120-328-505
■http://www.lima.co.jp/
［P24もちきび567円300g／P24もちあわ567円300g／P34玄米もち462円300g（6個）／
P62日高昆布1050円100g／P62利尻昆布1029円100g／P64ひじき409円50g／
P68わかめ357円30g／P74切干大根252円100g／P78車麩315円12枚／
P80梅干し1050円250g／P84べったら漬け483円150g／P110麦味噌934円800g／
P112豆味噌934円800g／P120ごま油913円330g／P122菜種油1050円930g／
P126玄米甘酒336円250g／P128玄米水飴525円300g／
P140白ごまペースト682円120g／P144玄米ぽんせん367円8枚／
P156もち玄米粉577円300g／P158黒豆きな粉336円100g／
P164ごま豆腐252円100g／P168アーモンドペースト714円110g］

株式会社おかべや　神奈川県相模原市清新4-4-16
TEL 042-770-2211　FAX 042-770-2289
■http://www.okabeya.co.jp/　✉dashi_info@okabeya.co.jp
［P60豆乳200円200ml］

有限会社小樽素菜亭お蔵　北海道小樽市堺町7-1
TEL 0120-40-0143　FAX 0134-25-3686
■http://www.manzyuu.com/
［P152精白薄力粉399円1kg／P152精白強力粉399円1kg］

株式会社おもちゃ箱　東京都大田区田園調布南26-12
TEL 03-3759-3479　FAX 03-3759-3170
■http://www.omochabako.co.jp/　✉welcome@omochabako.co.jp
［P86ザワークラウト609円720ml］

有限会社楓商事　東京都港区芝4-9-2 三富ビル2階
TEL 0120-33-8767　FAX 03-3452-3305
■http://www.maplesyrup.co.jp/
［P130メープルシロップNo.1ライト1733円330g/No.2アンバー1470円330g］

加藤農園株式会社　東京都練馬区西大泉2-14-4
TEL 03-3925-8731　FAX 03-3925-8737
■http://www.hatuga.com/　✉info@hatuga.com
［P34玄米もち599円8切れ／P36蒸しパン368円2個］

有限会社鹿北製油　鹿児島県伊佐郡菱刈町荒田3070
TEL 0995-26-2111　FAX 0995-26-2112
■http://www3.synapse.ne.jp/kahokuseiyu/
✉kahokuseiyu@po3.synapse.ne.jp
[P120ごま油577円160g／P136炒りごま367円50g／P138えごま315円100g]

株式会社かも有機米　新潟県加茂市大字矢立新田521
TEL 0120-00-7637　FAX 0256-52-9095
■http://www.okome.com/　✉kamo@okome.com
[P18玄米1120円2kg／P20もち玄米630円1kg]

有限会社ケンコウ　東京都調布市深大寺南町4-9-1
TEL 0424-84-0376　FAX 0424-85-8550
[P94青のり305円10g／P146コーンフレーク242円150g]

健康綜合開発株式会社　東京都新宿区新宿5-4-1 新宿Qフラットビル301
TEL 03-3354-3948　FAX 03-3354-3243
■http://www.kenkosogo.jp/　✉info@kenkosogo.jp
[P198土鍋6090円3合炊深鍋]

株式会社五右衛門　神奈川県秦野市名古木小金沢69-12
TEL 0463-80-3838　FAX 0463-84-4545
■http://www.tsuru1.com/　✉info@tsuru1.com
[P54豆腐210円～250g]

三陸水産有限会社　福島県いわき市平下神谷字出口24番地1
TEL 0246-34-5601　FAX 0246-34-5603
■http://www.sanriku1.com/　✉sanriku1@sanriku1.com
[P68わかめ196円200g／P70のり355円10枚]

株式会社寿草JT　鹿児島県鹿児島市城西2-8-12
TEL 0120-526-410　FAX 099-252-6453
■http://www.kenko-juso.com/　✉juso@luck.ocn.ne.jp
[P102大豆からあげ315円80g]

株式会社正直村　埼玉県北本市西高尾5-237
TEL 048-592-2007　FAX 048-593-5926
■http://www.shojikimura.co.jp/
[P48納豆168円80g／P102ぎょうざ315円10個]

株式会社創健社　神奈川県横浜市神奈川区片倉2-37-11
TEL 0120-101702（土・日・祝を除く9:00～17:00）
http://www.sokensha.co.jp/
［P94ゆかり210円50g］

有限会社大豆屋　神奈川県茅ヶ崎市出口町12-3
TEL 0467-85-5316　FAX 0467-85-8867
http://www.daizuya.co.jp/　✉info@daizuya.co.jp
［P54豆腐247円330g］

ダイヤモンド食品工業株式会社　山形県東置賜郡川西町大字玉庭3994
TEL 0238-48-2509　FAX 0238-48-2007
http://samidare.jp/daiyamondo/　✉info@sawah.jp
［P92鉄火味噌840円100g］

太陽食品株式会社　奈良県奈良市出屋敷町141-1
TEL 0120-20-2077　FAX 0742-62-4730
http://www.taiyosyokuhin.co.jp/
［P146炒りはと麦924円100g×3袋］

高田食品　静岡県裾野市伊豆島田296-4
TEL 055-992-3383　FAX 055-993-7521
［P96こんにゃく350円包装時400g］

株式会社種山ヶ原　東京都台東区寿2-9-1
TEL 03-3842-2948　FAX 03-3842-6528
http://www.taneyama.co.jp
✉ taneyamagahara@gol.com
［P30全粒パスタ399円500g］

株式会社地域法人無茶々園　愛媛県西予市明浜町狩浜3-134
TEL 0894-65-1417　FAX 0894-65-1638
http://www.muchachaen.com/
✉ muchachaen@muchachaen.com
［P188みかんジュース2310円1000ml×6本入り］

株式会社チャヤマクロビオティックス　神奈川県三浦郡葉山町堀内26
TEL 046-876-0123　FAX 046-875-7041
http://www.chayam.jp/　✉e-shop@chayam.jp
［P90黒ごま塩357円100g／P90わかめふりかけ567円50g／P106塩840円200g／
P116玄米酢1155円500ml／P128米飴735円600g］

朝光テープ有限会社　愛知県豊橋市瓦町113
TEL 0532-61-7673　FAX 0532-61-3323　■http://www.biwakofukin.com/
[P210木綿の布“びわこ”399円1枚]

有限会社長生堂　愛知県小牧市小牧原新田398-4
TEL 0568-75-9843　FAX 0568-76-4681
■http://www.chouseido.co.jp/
[P98こうふう410円150g]

テングナチュラルフーズ　埼玉県日高市高麗本郷185-2
TEL 042-982-4811　FAX 042-982-4813
■http://www.alishan-organic-center.com/
[P26全粒うどん263円200g／P26全粒そうめん221円200g／
P44ヒヨコマメ672円500g・1134円1kg／P46レンズマメ（緑）1029円1kg／
P46レンズマメ（赤）1239円1kg／P60豆乳158円250ml／P140タヒニ1029円454g／
P148全粒クスクス735円500g／P150オートミール504円500g/924円1kg／
P152全粒強力粉557円907g／P152全粒薄力粉557円907g／
P166くるみ893円250g／P166アーモンド1680円250g／
P166かぼちゃの種504円250g／P166ひまわりの種441円250g／
P168ピーナッツバター924円454g／P168アーモンドバター840円227g／
P174キャロブチップス315円100g／P184穀物コーヒー840円150g／
P186ライス＆ソイ158円250ml]

有限会社登喜和食品　東京都府中市白糸台1-66-1
TEL 042-361-3171　FAX 042-361-3481
■http://www.tokiwa-syokuhin.co.jp/
[P50テンペ399円100g]

日仏貿易株式会社　東京都千代田区霞が関3-6-7 DF 霞ヶ関プレイス
TEL 03-5510-2662　FAX 03-5510-0131　■http://www.nbkk.co.jp/
[P30全粒ペンネ294円250g]

有限会社ネオファーム　神奈川県厚木市山際787-6
TEL 046-245-9625　FAX 046-245-9620
■http://neofarm.co.jp/　✉info@neofarm.co.jp
[P170ドライアップル346円70g／P170干あんず420円70g／P170ドライレーズン
336円200g]

羽沢耕悦商店　岩手県岩手郡安代町清水140-6
TEL 0195-72-2353　FAX 0195-72-2353
■http://www.ashiro.net/~hazawa/　✉hazawa@ashiro.net
[P76板麩347円5枚]

株式会社風水プロジェクト　東京都杉並区久我山4-1-9-401
TEL 03-5941-2343　FAX 03-5941-2344
http://www.yuuki-yaoya.com/
info@yuuki-yaoya.com
［P40小豆504円～ 300g／P42黒大豆504円～ 300g］

藤寅工業株式会社　新潟県燕市物流センター1-13
TEL 0256-63-7151　FAX 0256-64-3811
http://www.fujitora.co.jp/
［P208包丁（三徳）4500円］

ブラウン　神奈川県横浜市西区みなとみらい2-3-1 クィーンズタワーA 13F
TEL 0120-13-6343　http://www.braun.co.jp/
［P202フードプロセッサーオープン価格］

有限会社プランニング・エメ　長野県長野市稲葉中千田2038-4
TEL 026-229-5500　FAX 026-223-0055
eme@avis.ne.jp
［P50テンペ210円100g］

ホクレン農業協同組合連合会　北海道札幌市中央区北4条西1丁目3番地
TEL 0120-103190（土・日・祝を除く9:00～12:00、13:00～17:00）
http://www.hokuren.or.jp/
［P130てんさい糖315円750g］

株式会社保谷納豆　東京都東村山市青葉町2-39-9
TEL 042-394-6600　FAX 042-394-6601
http://www.hoya-nattou.co.jp/
［P48納豆157円85g］

マルカイコーポレーション株式会社　大阪府大阪市西区京町堀1-18-5
TEL 06-6443-0075　FAX 06-6443-2182
http://www.marukai.co.jp/kenko/　maru_08@marukai.co.jp
［P172フルーツジャム735円255g］

丸成商事株式会社　東京都練馬区豊玉北1-5-3
TEL 03-3994-5111　FAX 03-3994-5115
http://www.maruseishoji.com/　info@maruseishoji.com
［P160甘栗263円90g］

農事組合法人マルツボ加工センター　茨城県かすみがうら市下稲吉329
TEL 0299-59-4595　FAX 0299-59-4000
■http://www.marutsubo.or.jp/　✉info@marutsubo.or.jp
［P162干しいも200円～150g］

丸中醤油株式会社　滋賀県愛知郡秦荘町東出229
TEL 0749-37-2719　FAX 0749-37-4363
■http://www.s-marunaka.com/　✉tophp@s-marunaka.com
［P108しょうゆ819円720ml］

株式会社萬藤　東京都台東区西浅草1-4-2
TEL 03-3844-0814　FAX 03-3844-6686
［P28全粒そば504円270g］

株式会社ミトク 通販事業部　東京都港区芝5-31-10
TEL 0120-744-441　FAX 03-5444-6753
■http://www.mitoku.co.jp/
［P124マスタード504円200g／P134葛441円100g］

みれっとファーム　福島県いわき市小川町上小川上戸渡40
TEL 0246-88-2115　FAX 0246-88-2116
■http://www.milletfarm.com/　✉info@milletfarm.com
［P176クッキー320円～90g］

ムソー株式会社　大阪府大阪市中央区大手通2-2-7
TEL 06-6945-0511　FAX 06-6946-0307
■http://www.muso.co.jp/　✉mailmaster@muso.co.jp
販売先：Musubi倶楽部（正食協会 通販部）
TEL 06-6941-7432　FAX 0120-209-677
■http://www.macrobiotic.gr.jp/　✉shop@macrobiotic.gr.jp
販売先：ムスビガーデン
TEL 06-6945-0618　FAX 06-6910-6237
［P22胚芽押し麦441円1kg／P52高野豆腐567円6枚（2005年5月より）／
P66あらめ200円30g／P72干ししいたけ599円50g／P88紅しょうが147円60g／
P88高菜漬け263円180g／P100とうもろこしの缶詰242円155g／
P114白味噌578円500g／P132寒天410円30g／P150オートミール473円300g／
P180番茶452円180g］

株式会社むそう商事　大阪府大阪市北区西天満3-7-22
TEL 06-6316-6011　FAX 06-6316-6016
■http://www.muso-intl.co.jp/　✉info@muso-intl.co.jp
［P176ビスケット651円300g］

有限会社メルカ・ウーノ　東京都青梅市大門2-268-1
TEL 0428-33-6697　FAX 0428-33-6698
✉ mercauno@d1.dion.ne.jp
［P166落花生462円160g］

もぎ豆腐店株式会社　埼玉県本庄市寿3-2-21
TEL 0495-22-2331　FAX 0495-24-4194
■http://www.minosuke.co.jp/　✉minosuke@minosuke.co.jp
［P54豆腐252円300g／P56油揚げ210円2枚／P56厚揚げ252円1個／
P58がんもどき252円3個］

株式会社山清　香川県綾歌郡綾上町山田下3465-3
TEL 0120-512238　FAX 087-878-2121
■http://www.yamasei.jp/　✉info@yamasei.jp
［P156上新粉420円150g］

株式会社わらべ村　岐阜県美濃加茂市加茂野町鷹之巣342
TEL 0574-54-1355　FAX 0120-54-1495
■http://www.warabe.co.jp/　✉info@warabe.co.jp
［P22小麦粒294円500g／P26全粒うどん224円200g／
P26全粒そうめん224円200g／P32全粒ラーメン189円90g］

奥津典子のお買いものスポット

ぐるっぺ吉祥寺店　東京都武蔵野市吉祥寺東町1-25-24
TEL 0422-20-8839　FAX 0422-20-8841

※表示価格は、物価の変動により変更されることがあります。また、改廃、仕様が変わる場合もあります。特に明記のない場合は、2008年1月時点の情報です。

いかがでしたか？　マクロビオティックのアイテムたち。すでにお使いのものはありましたか？　それとも全然見たことのないものばかり？

マクロビオティックを始めると、肉や砂糖などそれまでなじみのあったものを使わなくなる代わりに、「こうふう」や「鉄火味噌」など全然知らなかった食材たちとの出会いがありますよね。それもまた、マクロビオティックの楽しみです。でもこの出会い、「第一印象」が大事だったりします。もし最初に食べたものが「まっず〜い！」のだったらその食材は「まずい」とインプットされてしまいますよね。この本のものたちなら、第一印象よし！と気に入ってもらえるのかな、と期待しています。

昨今の私たちは、食べ物にちゃんと向かい合わず、付随する情報だけで選ぶようになってしまいました。ビタミンCが入っているとか安さとか。大切なことですけど、それだけで幸せな出会いにはならないですよね。かといって、ひたすら「おいしいもの」をあれこれ収集するのも、誰もができることじゃないと思います。いいものの基準・理由を知り、その上で今の自分に合わせてより「ベター」な、でも無理のない選択を重ねていく。そして楽しく丁寧に料理する。そんな日常がいいな、と思っています。本書以外にも、いいもの・もっとおいしいものはたくさんあるはずです。そんな丁寧に作られたも

epilogue

おわりに

のたちと出会っていくきっかけになればと思います。

体にいいものは、環境にもできるだけ負担のない育てられ方をしています。食べることは最も身近な経済行為。一つのものが製造され売られるのに、想像以上の薬品と（ということは動物実験と）石油と水などの資源が使われています。マクロビオティックが広まっていくことは、今起きているさまざまな問題を、内側から外側から解決していく手がかりになるのでは、と信じています。

この本を制作するにあたり、たくさんの方々のお力をいただきました。制作チームの熱意をこの作品の端々から感じていただければと思います。また、執筆が春休みに大幅に重なり、幼稚園のお母さん方の助けなしにこの本は完成し得ませんでした。この場を借りて御礼申し上げます。また、いつも教室に来てくださる生徒さん、遠くからオーガニックベースを応援してくださっている皆さん。皆さんとのやり取りがこの本のベースになっています。たくさんの人たちの力で、楽しいマクロビオティックが広がっていくことを願っております。最後まで目を通してくださいまして、本当にありがとうございました。

2005年5月末日　奥津典子

≫アートディレクション　山内 良（bookdesign co., inc.）

≫デザイン　佐藤 真由子／篠原 恵介（bookdesign co., inc.）

≫写真　小宮山 桂

≫企画・編集・制作　刀根 幸二／笠原 美律／櫻井 雅己（bookdesign co., inc.）

≫special thanks　久司 道夫

マクロビオティックのお買いもの in ORGANIC BASE kitchen

平成17年7月5日 初版　第1刷発行
平成20年3月1日 初版　第3刷発行

著者　奥津《おくつ》　典子《のりこ》
発行者　片岡　巖
発行所　株式会社技術評論社
東京都新宿区市谷左内町21-13
電話 03-3513-6150（販売促進部）
03-3513-6160（書籍編集部）
印刷／製本　大日本印刷株式会社

ISBN4-7741-2378-1 C0077　Printed in Japan